KB133878

피렌체 걷기여행

피렌체 걷기여행

엘라 카 지음 | 정현진 옮김

터치아트

차례

걸어서 피렌체 탐험하기

이탈리아의 피렌체는 걸어서 탐험하기에 더없이 좋은 도시다. 14세기의 도시 성벽과 고대 성문으로 느슨하게 연결된 구시가는 전체가 유네스코 세계문화유산이다. 아름다운 시가에 빼어난 예술 작품이 타의 추종을 불허할 만큼 차고 넘치는 이곳은 가히 '야외 박물관'이라 부를 만하다. 피렌체는 지리적으로도 이상적인 조건을 갖추었다. 토스카나의 완만한 언덕으로 둘러싸인 아담한 도시 피렌체를 두고 19세기 작가 헨리 제임스Henry James는 '아름다움과 편리함을 모두 갖춘 활기차고, 자그맣고, 완전한, 진주 같은 도시'라고 격찬했다.

에트루리아인의 정착지에서 출발해 기원전 59년에 로마제국 식민지가 된 피렌체는 15세기에 이르러 명실상부한 '르네상스의 요람'이 되

었다. 서양 역사에서 가장 영향력 있는 예술 도시 중 하나인 피렌체는 위대한 예술 작품과 건축물, 기념비를 유산으로 남겼다. 규모만 보자면 걸어서 쉽게 둘러볼 만큼 작은 도시이지만, 엄청난 볼거리와 예술적 수준을 고려하면 피렌체의 모든 것을 섭렵하기란 거의 불가능하다. 《피렌체 걷기여행》은 바로 그 점을 돕기 위해 기획한 책이다. 이 책은 아르노강의 북부 지구부터 올트라르노'아르노강의 다른 쪽'이라는 뜻의 보헤미안 지구까지 피렌체의 구시가 전역으로 독

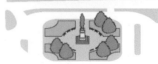

피렌체 구시가를 가로지르는 아르노강가 풍경.

자들을 안내한다. 또한 분지라는 지리적 장점을 살려 도시 전체의 장관을 감상할 수 있는 언덕에도 올라보고, 나아가 언덕 너머 지역까지 발길을 이끈다'8. 산 미니아토 알 몬테', '10. 벨로스구아르도', '9. 중세의 경계', '12. 피에솔레' 코스 참고.

《피렌체 걷기여행》은 피렌체의 다양성을 탐험하는 데 중점을 둔 책이다. 각 코스는 주요 성당과 박물관, 미술관은 물론 덜 알려져서 관광객들이 자주 놓치는, 그러나 주요 관광지 못지않게 매력적인 보물들을 찾아 길을 안내한다. 예를 들면 도심 속 정원과 전통 음식점, 의류 시장을 둘러보고 숭고한 대작을 감추고 있는 작은 성당과 수도원대부분 무료입장도 빠트리지 않고 방문한다. 이렇듯 피렌체의 매력을 여유 있게 조금씩 즐기면서 구석구석 탐사할 수 있도록 모든 걷기 코스를 설계했다.

피렌체 거리를 위에서 내려다보는 듯한 독창적인 삼차원 지도는 걷기여행의 훌륭한 길잡이가 되어준다. 이 지도는 건물과 거리 모양만 봐도 자신의 위치를 금방 파악할 수 있어서 길만 그려진 일반 지도보다 편리하다. 지도 위의 번호는 진행 방향을 알려주고, 각 구간의 정보와 상세한 길 안내는 본문에서 다룬다.

본문은 단순히 길만 안내하는 데 그치지 않고 르네상스 전후 역사에 큰 자취를 남긴 주요 인물과 피렌체의 역사를 함께 소개한다. 그리고 피렌체의 현재 모습도 조명한다. 피렌체는 그 자체로 '달콤한 인생'을 위한 보루이자, 예술·패션·요리 분야의 중심지로 생동하고 있기 때문이다. 특히 '7. 저녁 마실' 코스는 피렌체 전통 요리와 현지 생활양식을 중점적으로 만끽할 수 있는 구간이다. 다른 코스 역시 이 같은 문화적 경험과 재미의 균형을 맞추었음은 물론이다. 성당과 박물관으로 안내하는 사이사이에 아페리티보aperitivo, 식욕을 돋우기 위해 식전에 마시는 주류나 음식를 즐기기에 좋은 장소, 분위기 좋은 옥상 테라스는 물론 도심 최고의 트라토리아trattoria, 간단한 음식을 파는 이탈리아식 식당, 카페, 와인 바, 젤라테리아gelateria, 이탈리아식 젤라토 아이스크림 가게 등을 소개한다. 또한 돌길을 따라 도시를 수놓은 수많은 수공예품점도 놓치지 않았다. 이들은 오늘날까지 살아 숨 쉬는 피렌체 역사의 한 줄기이며, 피렌체 수공예품과 디자인은 세계 최상급으로 인정받고 있다.

헨리 제임스는 피렌체를 둥근 진주에 비유했지만, 관광객들에게 피

지도는 어떻게 만들었을까

《피렌체 걷기여행》에 수록된 지도는 소규모의 지도 전문 제작팀이 어도비 일러스트레이터(Adobe Illustrator)를 이용해 디지털로 완성했다. 지도 제작팀은 우선 개별 건물들이 있는 평면도를 스케치하고, 건물을 삼차원으로 표현하기 위해 인위적으로 거리 너비를 확대했다. 삼차원 건물 모양은 고공에서 촬영한 실사 사진을 참고했다. 마지막으로 각 건물의 세부 사항과 색깔을 추가해 이 책의 삼차원 지도를 완성했다. 지도에 세부 사항을 입력하는 단계는 시간과 힘이 가장 많이 들어가는 고된 작업이었다. 그나마 색을 입히는 과정은 자동화된 디지털 프로그램 덕분에 비교적 손쉽게 진행되었다.

렌체는 다면체인 다이아몬드에 가깝다. 피렌체의 아름다움을 제대로 만끽하려면 모든 각도에서 감상해야 하기 때문이다. 미켈란젤로의 거대한 다비드상 앞에서 감격에 겨워 말을 잃거나, 아페롤 스프리츠 aperol spritz, 식전에 마시는 이탈리아 대표 칵테일 한 잔을 손에 들고 광장 문화에 취해보면서 말이다. 이 책에 소개한 열두 코스를 모두 탐험하고 나면 그 과정에서 피렌체 사람들의 생활 방식을 제법 통달하게 될 것이며, 피렌체를 꽤 잘 안다고 자부해도 좋을 것이다.

코스 안내

※ 피에솔레 마을은 피렌체 북동쪽 교외에 있어서 버스를 타고 찾아가야 한다. 지도에 표시한 위치는 피에솔레행 버스를 타는 곳이다.

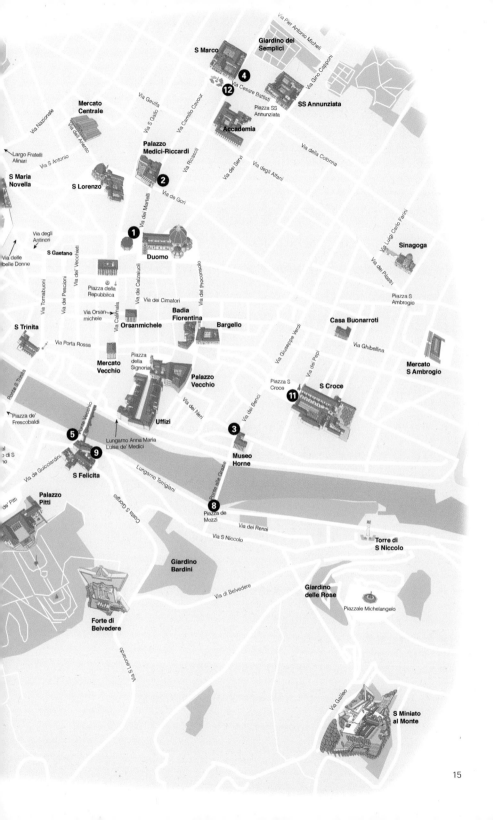

1. 이 책, 어떻게 이용할까

《피렌체 걷기여행》은 도시 북쪽 리베르타 광장Piazza della Liberta에서 남쪽의 로마나 문Porta Romana까지, 서쪽의 산 프레디아노 문Porta di San Frediano에서 동쪽의 크로체 문Porta alla Croce까지, 피렌체 구시가 전역을 둘러본다. 몇몇 코스는 구시가 너머 지역도 다루는데, '10. 벨로스구아르도' 코스는 도시 남서쪽 벨로스구아르도Bellosguardo의 시골 언덕 꼭대기까지 이어지고, '8. 산 미니아토 알 몬테' 코스는 산 니콜로 문Porta San Niccolò 너머 언덕 꼭대기의 산 미니아토 수도원까지 찾아간다. '9. 중세의 경계' 코스는 옛 성벽을 따라 교외의 아르체트리Arcetri 지역에서 산 미니아토 문Porta San Miniato까지 뻗어 있고, '12. 피에솔레' 코스는 고대 에트루리아 문명의 중심지 피에솔레Fiesole 마을을 무대로 한다.

지도 이용

지도에 걷기 코스는 붉은 선으로, 진행 방향은 화살표로 표시했다. 필요한 경우 각 코스의 출발점과 도착점에서 가장 가까운 버스 정류장도 함께 안내했다. 하지만 피렌체는 워낙 작은 도시여서 교외로 이동하는 경우를 제외하고는 걷는 것이 가장 빠르다. 각 코스는 현재 위치를 파악하고 길 찾기가 수월하도록 진행 방향에 따라 번호를 붙였다. 마찬가지로 본문에도 번호를 붙여 각 구간을 설명했다. 거리 이름과 주요 건축물, 박물관과 미술관 등은 다른 색깔로 표시했다.

걷기 코스 연결하기

피렌체 중심가는 그리 넓지 않은 데다 주요 관광지가 몰려 있어서 걷기 코스 중 일부는 서로 교차하거나 방문 장소가 겹치기도 한다. 한 코스를 마치고 다음 코스를 이어서 가거나 두 코스를 새롭게 엮을 체

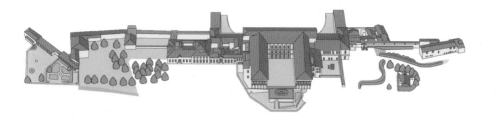

력이 된다면 다음과 같이 시도해보자.

아르노강 북부 지역을 돌아보는 네 코스 '1. 구시가', '2. 산 로렌초에서 산타 트리니타까지', '3. 산타 크로체', '4. 산 마르코'는 각 코스의 출발점과 도착점이 걸어서 10분 거리에 몰려 있다. 그런데도 각 코스에서 집중적으로 둘러보는 박물관과 미술관, 성당은 중복되는 곳이 없어서 짧은 시간에 많은 장소를 둘러볼 수 있다. 하지만 바로 이 때문에 '문화적 소화불량'이 걱정된다면 네 코스를 분산해서 일정을 짜는 것도 좋다. '11. 체나콜로 순례길' 코스는 대략 원호를 그리며 위 네 코스와 같은 지역을 돌아보므로 일정을 따로 잡지 않고 다른 코스와 적절히 엮어도 좋다.

올트라르노Oltrarno 동쪽의 언덕 지역을 탐험하는 '8. 산 미니아토 알 몬테' 코스와 '9. 중세의 경계' 코스는 도착점이 같다. 따라서 둘 중 한 코스를 역순으로 밟는다면 곧장 이어서 걸을 수 있다. '5. 올트라르노', '6. 보볼리 정원', '10. 벨로스구아르도' 코스 역시 각 코스의 출발점과 도착점이 걸어서 10분 이내 거리에 있다. 오전과 오후에 한 코스씩 걷는 식으로 일정을 짜면 좋다. '7. 저녁 마실' 코스는 먹고 마시는 데 중점을 둔 '5. 올트라르노' 코스와 겹치는 부분이 많다. 올트라르노 지구의 문화와 쇼핑, 음식, 약간의 낮술을 즐기고 싶다면 이 두 코스를 연결하는 것이야말로 절묘한 선택이 될 것이다.

2. 피렌체 걷기여행, 언제가 좋을까

책에 소개한 열두 코스는 대부분 일 년 내내 걷기 좋다. 단, 날씨나 혼잡 정도를 고려한다면 몇몇 코스는 특정 시기를 골라 방문하는 것이 더 좋다.

봄·여름 걷기

6. 보볼리 정원: 사시사철 어느 때라도 좋지만, 꽃이 만발하고 향기가 가장 좋은 계절은 역시 여름이다. 그늘이 많아 뜨거운 햇볕을 피하고 열기를 식히기에도 좋다. 반대로 시원한 잔디밭에 누워 일광욕을 즐길 수도 있다.

7. 저녁 마실: 피렌체의 전통 음식과 밤 문화를 즐길 수 있는 이 코스는 '파티 길'이라 부를 만하다. 따라서 도시 전역이 축제 열기로 가득한 봄과 여름이 이 코스를 즐기기에 제격이다. 단, 8월은 피하는 것이 좋다. 피렌체 사람들이 대부분 휴가를 떠나 도시가 텅 비기 때문이다.

8. 산 미니아토 알 몬테: 산 미니아토 언덕 꼭대기에 있는 수도원은 언제라도 방문해볼 만한 가치가 있다. 단, 이 코스에 있는 장미 정원은 봄과 여름, 특히 350종의 장미가 만발하는 5월과 6월에 가장 빛난다. 바르디니 정원Giardino Bardini을 지나는 '9. 중세의 경계' 코스도 마찬가지다. 이들 코스를 거닐다가 와인 바의 야외 테이블에서 여유를 즐기기에도 따뜻한 계절이 적합하다. 이곳에서 바라보는 피렌체 풍경도 여름 태양 아래 더욱 눈부시다. 피렌체의 가장 멋진 경치를 감상할 수 있는 '10. 벨로스구아르도' 코스도 같은 이유로 봄과 여름이 좋다.

12. 피에솔레: 피에솔레 마을은 일 년 내내 아름다운데, 주변을 둘러싼 토스카나 시골 풍경은 여름에 가장 멋지다. 여름이면 피렌체 사람들이 도심의 끈적한 열기를 피해 이곳으로 찾아드는 덕분에 마을에 활기가 넘치고, 고대 로마의 원형극장에서 야외 공연도 열린다.

가을 · 겨울 걷기

피렌체에 가장 많은 관광객이 몰려드는 시기는 6월부터 8월까지다. 당연히 이때는 주요 관광지 앞에 늘어선 줄이 매우 길다. 숨 막히는 열기와 습기 속에서 몇 시간씩 줄을 서며 낯선 문화를 체험하기란 육체적으로 진이 빠지는 일이다. 특히 사전 예약이 필수인 두오모Duomo 의 돔에 오르거나 우피치 미술관Galleria degli Uffizi과 아카데미아 미술관 Galleria dell'Accademia 같은 명소를 방문하려는 예술 애호가, 또는 피렌체 를 처음 방문하는 사람이라면 여름철 성수기는 피하는 것이 좋다. 이 에 해당하는 코스는 주요 관광지를 섭렵하는 '1. 구시가', '2. 산 로렌 초에서 산타 트리니타까지', '3. 산타 크로체', '4. 산 마르코', '11. 체나 콜로 순례길'이다. 이들 코스는 미술관이나 성당, 박물관 등 볼거리가 대체로 실내에 몰려 있어서 비가 오거나 쌀쌀한 날씨에도 문제없다. 특히 '3. 산타 크로체' 코스는 해마다 겨울에 산타 크로체 광장Piazza di Santa Croce에서 독일식 크리스마스 시장이 열리므로 이맘때 더욱 매력 적이다. 반대로 피렌체 전통 축구 시합인 칼초 스토리코 피오렌티노 Calcio Storico Fiorentino가 열리는 6월에는 산타 크로체 광장 주변이 매우 혼잡하니 참고한다.

날씨

피렌체는 언덕으로 둘러싸인 분지에 자리 잡은 까닭에 날씨가 변덕스럽다. 7월과 8 월은 기온이 자주 30도 중반을 웃돌고, 습도는 70퍼센트가 넘어 매우 덥고 습하다. 그런데도 이때가 관광객이 가장 몰리는 성수기여서 주요 관광지는 인파로 붐비고 매표소나 입구 앞의 줄도 확실히 길어진다. 현지인들은 대부분 못 견딜 정도로 더워 지는 8월이면 도망치다시피 휴가를 떠난다. 겨울은 춥고 눅눅하다. 1월 평균 기온은 5도 이하이며, 3월 중순에야 날씨가 풀린다. 피렌체를 방문하기 가장 좋은 시기는 봄과 가을(4월~6월, 9월~10월)이다. 이 무렵 태양은 따뜻하지만 타는 듯 뜨겁지 않고, 관광지 인파도 그런대로 견딜만하다.

주말 걷기

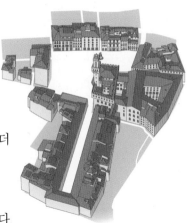

7. 저녁 마실: 이탈리아 사람들이 축제를 즐기는 여름철이면 피렌체는 매일 밤 활기가 넘친다. 특히 주말에는 늦은 밤까지 광장이 들썩이도록 축제 분위기가 고조된다.

12. 피에솔레: 조용한 피에솔레 마을은 주말에 더욱 생기가 넘친다. 매주 토요일 미노 광장Piazza Mino에 떠들썩하게 장이 서고, 매월 첫 번째 토 · 일요일에는 환상적인 골동품 시장이 열린다.

주중 걷기

피렌체의 박물관이나 성당, 상점들은 개방 시간이 자주 바뀌어서 일정을 짜는 데 애를 먹게 한다. 고민을 더는 가장 좋은 방법은 주중에 방문하는 것이다. 단, 대부분의 국립 박물관과 우피치, 아카데미아 미술관은 월요일이 정기 휴일이다. 성당의 개방 시간은 특히 자주 변하므로 출발하기 전에 한 번 더 확인하는 것이 좋다.

2. 산 로렌초에서 산타 트리니타까지: 이 코스의 대미를 장식하는 산타 트리니타 대성당Basilica di Santa Trinita은 주중에 오전 8시부터 12시, 오후 4시부터 6시까지만 개방한다. 오니산티 성당Chiesa di Ognissanti은 매일 오전 9시 30분부터 12시 30분, 오후 4시부터 7시 30분까지 문을 여는데, 수요일 오전에는 문을 닫는다. 이 성당의 〈최후의 만찬〉은 매주 월 · 토요일 오전 9시부터 오후 1시까지만 개방한다. 그 밖의 이 지역 큰 성당들은 시에스타siesta: 더운 나라에서 즐기는 낮잠 및 휴식 없이 매일 문을 연다.

4. 산 마르코: 스칼초 수도원Chiostro dello Scalzo은 매주 월 · 목요일, 그리고 매달 홀수 번째 토요일에만 개방한다. 반면 아카데미아 미술관은

월요일이 정기 휴일이다. 따라서 이 코스를 탐방하는 데는 목요일이 가장 좋다.

5. 올트라르노: 이 코스에 밀집해 있는 수공예품점들은 월요일부터 금요일까지 오전 9시 30분부터 12시 30분, 오후 3시 30분부터 7시 30분까지 문을 열고, 시에스타 시간에는 대부분 문을 닫는다. 주말 영업은 장담할 수 없으며, 주로 예약이 있을 때만 문을 연다. 이 코스에 포함된 성당들도 개방 시간이 대략 비슷하다. 가령, 산토 스피리토 대성당Basilica di Santo Spirito은 월요일부터 토요일까지 오전 10시부터 1시까지, 오후 3시부터 6시까지 개방하고 수요일에는 문을 닫는다. 일요일과 종교휴일에는 오전 11시 30분부터 1시 30분까지, 오후 3시부터 6시까지 개방한다.

11. 체나콜로 순례길: 여러 종류의 〈최후의 만찬〉을 보려면 꽤 까다롭게 시간을 맞춰야 한다. 2019년 1월 기준, 체나콜로 델 풀리뇨Cenacolo del Fuligno는 매주 수요일, 오니산티 성당은 매주 월·토요일, 산 살비 성당Chiesa di San Salvi은 매주 화요일부터 토요일까지 개방한다. 탐방을 나선 요일에 개방하지 않는 곳은 건너뛰는 수밖에 없다. 하지만 이 코스는 다른 코스와 겹치는 부분이 많으므로 굳이 하루에 다 방문하지 않아도 무방하다.

아이와 함께 걷기

피렌체는 아이들이 여행하기에 녹록한 도시는 아니다. 사실상 미술관과 박물관, 성당만 밀집해 있어서 아이들에게는 지루하고 힘든 여행지일지도 모른다. 그래도 모든 코스에 쉬어 갈 수 있는 젤라테리아와 카페가 있어서 아이들에게 약간의 보상이 될 것이다. 비교적 아이들과 함께 즐길 만한 코스는 다음과 같다.

5. 올트라르노: 올트라르노의 비교적 한산한 지역을 답사하는 코스로, 젤라토와 간식거리가 풍부해 아이들이 좋아한다. 성당도 몇 군데 방문하지만 혼잡하지 않아 거의 줄을 설 필요가 없으며, 기념품을 파는 공예품점도 많다.

6. 보볼리 정원: 이곳은 아이들에게 더할 나위 없이 완벽한 장소여서 주말이면 가족 나들이 나온 피렌체 사람들로 활기가 넘친다. 푸른 잔디는 아이들이 뛰놀고 소풍을 즐기기에 안성맞춤이며, 종유석이 주렁주렁 매달린 인공 동굴과 곳곳에서 튀어나오는 신화 속 주인공의 조각상 등은 아이들의 상상력을 자극한다.

8. 산 미니아토 알 몬테: 산 미니아토 언덕에 오르는 길은 아이들에게 재미있는 나들이가 될 것이다. 장미 정원을 마음껏 뛰어다닐 수 있으며, 관목 속에 숨어 있는 장 미셸 폴롱Jean Michel Folon 의 괴상한 잡종 동물 조각상들도 흥미롭다. 미켈란젤로 광장Piazzale Michelangelo에는 피렌체 전경을 감상할 수 있는 무료 망원경도 있다. 비석이 정교하고 아름다운 산 미니아토 수도원의 공동묘지는 아이들이 열광할 정도로 흥미롭고, 아이스크림과 케이크를 파는 가게도 하나 있다. 만약 아이들이 지쳐서 더 걷기가 힘들면 성당 밖 갈릴레오 거리에서 12번 버스를 타고 시내로 돌아갈 수 있다.

3. 피렌체 걷기, 어떻게 이동할까

피렌체 공항에서 시내까지는 버스로 30분, 택시로 15분 정도 걸린다. 시내를 돌아다니는 가장 좋은 방법은 걷는 것이다. 아르노강 양쪽으로 펼쳐진 유서 깊은 구시가는 한쪽 끝에서 다른 쪽 끝까지 걸어서 30분 남짓한 거리다. 이 책에는 코스에 따라 버스 편을 안내해두기는 했으나 출발지와 도착지가 대부분 구시가 내에 있어서 다음 목적지까지 이동하는 데는 도보가 여러모로 편리하다.

버스와 트램

'레 시티 라인 디 피렌체Le City Line di Firenze' 버스는 구시가 주변을 연결하는 네 개의 지선을 운행한다. 구시가는 온통 울퉁불퉁한 돌길이고 골목이 너무 좁은 탓에 주요 관광지 앞에 정차하는 노선은 많지 않다. 특히 두오모 대성당 주변은 차량 진입 제한 구역이다. 버스 대부분은 산타 마리아 노벨라 기차역이나 산 마르코 광장Piazza San Marco을 경유한다. 'ATAF' 시내버스와 피렌체 교외로 가는 'LI-NEA' 노선도 이 두 곳에서 이용할 수 있다.

트램은 스칸디치Scandicci 지역의 빌라 코스탄자역Villa Costanza부터 카레지 병원역Careggi Ospedale까지 운행하는 T1 노선이 있다. 2019년 1월 기준, 피렌체 공항에서 시내를 잇는 T2 노선이 건설 중이다.

버스표

ATAF 버스표는 2019년 1월 기준 1.5유로이며, 발권기는 스타치오네 광장Piazza della Stazione에 있다기차역에서 나올 때 왼편. 이곳 외에도 ATAF 스티커를 붙인 시내 곳곳의 카페나 담배 가게에서도 버스표를 구매할 수 있다. 운전기사는 버스표를 확인하지 않으나 검표원이 불시에 검사하며, 무임승차 벌금이 무척 무겁다. 일단 버스에 오르면 '티켓 유효화 기계'에 표를 넣어 날짜와 시간을 찍어야 한다. 그러면 90분 동안 그 버스표를 사용해 여러 번 환승할 수 있다. ATAF 버스표는 시내의 트램 노선에도 사용할 수 있다.

택시

도시 곳곳에 택시 정류장이 있고, 길가에서 손을 흔들어 세워도 된다. 콜택시 번호는 055-4242, 055-4390, 055-4798, 055-4499번이다. 2019년 1월 기준, 피렌체 공항에서 시내까지 택시 요금은 22유로^{야간}에는 25유로 정도이며 짐 하나당 1유로가 추가된다. 시내에서 택시를 이용하면 기본요금 5유로가 적용되고, 그 이상은 미터 요금제로 운행하며, 뒷자리는 반올림하여 계산한다.

자전거

자전거는 자동차 운행이 제한된 구시가를 돌아다니는 데 매우 편리하다. 하지만 자전거 도로가 부족하고 혼잡한 인파 때문에 더 막히는 경우도 있다. 피렌체에는 자전거 대여소가 많은데, 가장 저렴한 곳 중 하나는 울리세Ulysse다. 울리세의 보라색 자전거는 산타 마리아 노벨라 기차역의 택시 정류장 근처 대여소에서 빌릴 수 있다. 2019년 1월 기준, 대여료는 1시간에 2유로, 5시간에 5유로, 하루에 10유로다.

시내 곳곳에 세워진 빨간 바퀴 자전거 모바이크Mo-bike를 이용하는 사람도 많다. 모바이크는 피렌체의 공유 자전거다. 지정된 거치대에서만 자전거를 대여하고 반납할 수 있는 기존의 공유 자전거 서비스와 달리, 모바이크는 장소에 구애받지 않고 빌리거나 반납할 수 있다. 스마트폰에 모바이크 전용 앱을 설치하면 이용 가능한 자전거의 위치를 실시간으로 확인할 수 있다. 반납할 때는 뒷바퀴의 잠금장치를 내리기만 하면 된다. 이용 요금은 2019년 1월 기준, 30분에 1유로다.

4. 피렌체 관광 정보

피렌체 관광 안내소와 홈페이지는 여행자에게 매우 유용하다. 모든 박물관 정보를 비롯해 다양한 행사와 숙소까지 최신 정보를 얻을 수 있다. 피렌체의 공식 관광 안내 홈페이지는 www.firenzeturismo.it이고, www.visitflorence.com과 www.museumsinflorence.com에서도 여러 가지 유용한 정보를 얻을 수 있다. 피렌체의 주요 관광 안내소 위치는 다음과 같다.

- 두오모 광장Piazza del Duomo : 이곳에 중앙 관광 안내소가 있다.
- 스타치오네 광장 4번지Piazza della Stazione, 4
- 카밀로 카보우르 거리 1번지Via Camillo Cavour, 1r: 피렌체는 물론 피에솔레를 포함한 주변 여섯 개 지역 정보도 얻을 수 있다.

어린이를 동반한 여행객

어린이를 위한 행사주로 시내 박물관 주변에서 열림나 가족 여행객에게 추천할 만한 일정은 www.firenzeturismo.it의 'Useful Information' 〉 'Families & Kids' 항목을 참고한다.

장애 여행객

피렌체의 울퉁불퉁한 돌길과 혼잡한 보행로는 휠체어가 다니기 쉽지 않다. ATAF 버스는 장애인이 타고 내릴 수 있도록 설계되었지만, 두오모와 아카데미아 미술관, 우피치 미술관, 베키오 다리Ponte Vecchio 주변을 운행하는 버스는 없다. 다행히 모두 가까운 거리에 있지만, 돌길과 인파를 몇 블록씩 뚫고 가야 한다. 그래도 피렌체는 규모가 아담하고 관광지의 밀집도가 높으며 지형도 대체로 평평하기 때문에 장애인 여행객도 피렌체를 얼마든지 즐길 수 있다. 휠체어 이용이 가능한 호텔들은 로마나 베네치아보다 저렴하며, 장애인들은 아카데미아 미술관과 우피치 미술관을 포함한 몇몇 관광지에 무료로 입장할 수 있다. 자세한 정보는 www.firenzeturismo.it의 'Useful Information' 〉 'Florence without Barriers' 항목을 참고한다.

버스 투어

버스 투어는 피렌체를 대강 파악하는 데 유용하다. 2층이 개방된 관광버스Hop-on/Hop-off: 원하는 관광지에서 자유롭게 타고 내리는 관광버스가 스타치오네 광장에서 30분마다 출발하며, 바르베티Barbetti에서 투어를 마친다. 버스 투어에 걸리는 시간은 약 1시간이며, 16킬로미터 구간에 있는 주요 관광지를 두루 돌아볼 수 있다. 단, 두오모와 베키오 다리 사이는 보행자 전용 도로여서 버스로 돌아볼 수 없다.

박물관 이용

피렌체는 언제나 혼잡하다. 특히 관광객이 몰리는 여름철에는 주요 관광지 앞의 줄이 더욱 길어진다. 이럴 때 피렌체 카드FirenzeCard를 이용하면 한결 능률적으로 여행할 수 있다. 이 카드로 피렌체 안팎의 76군데 박물관, 저택, 유서 깊은 정원 등을 방문할 수 있는데, 대부분 매표소 앞에 줄을 서지 않고 바로 입장할 수 있다. 단, 두오모의 돔에 오르려면 반드시 사전 예약을 해야 한다. 2019년 1월 기준, 피렌체 카드의 가격은 85유로, 유효 기간은 72시간이다. 90유로짜리 피렌체 카드 플러스FirenzeCard+를 구매하면 72시간 동안 주요 관광지 입장은 물론, ATAF와 LI-NEA 노선, 트램까지 무제한으로 이용할 수 있으며, 시내 곳곳의 무선 인터넷도 이용할 수 있다. 여름 성수기에 피렌체를 방문해 72시간 안에 많은 곳을 둘러볼 계획이라면 피렌체 카드에 투자할 만하다.

박물관 개장 시간

우피치 미술관, 아카데미아 미술관 같은 국립 박물관과 미술관들은 월요일이 정기 휴일이다. 다른 곳들은 번갈아 가며 쉰다. 예를 들면, 매달 첫째·셋째 일요일에 쉬고 둘째·넷째 일요일에 여는 식이다. 따라서 방문 전에 온라인으로 휴관 정보를 확인해야 한다. 주요 박물관들은 보통 오전 8시 15분부터 오후 6시 30분까지 개장한다.

산타 마리아 노벨라와 산타 크로체 같은 대성당은 오전 9시 30분부터 오후 5시 50분까지 문을 연다. 무료로 입장할 수 있는 작은 성당들은 대개 오전 9시 30분부터 12시까지, 오후 3시 30분부터 5시 30분까지 개방하지만, 특별한 행사나 미사 때문에 개방하지 않는 날도 있으니 방문 전에 미리 확인한다. 수도원과 〈최후의 만찬〉 그림들도 마찬가지다.

상점 및 은행 업무 시간

피렌체 시내의 대형 마트와 체인점들은 대체로 오전 10시부터 저녁 7시까지 시에스타 없이 문을 연다. 그러나 작은 가게들과 수공예품점은 대부분 오전 9시부터 12시 30분까지, 오후 3시 30분부터 7시까지 연다. 전통 공예점 중에는 예약제로 주말에만 문을 여는 곳이 많다.

피렌체의 팁 문화

대부분의 식당은 일종의 '자릿세 및 봉사료'에 해당하는 코페르토(coperto)를 1인당 1.5~3유로로 요구한다. 서비스 요금(계산서의 servizio 항목)을 따로 부가하는 경우도 종종 있지만, 그 외에는 서비스 만족도에 따라 총 요금의 10퍼센트 정도 팁을 남기면 된다. 카페나 술집에서는 팁을 따로 요구하지는 않지만, 잔돈을 조금 남기는 것이 관례다. 카페에서는 자리에 앉지 않고 바에 서서 이용하거나 포장해서 나가면 훨씬 저렴하다. 이 경우 계산대에서 주문과 계산을 마친 다음, 바에서 종업원에게 영수증을 제시한다.

은행은 보통 주중에 오전 8시 30분부터 오후 1시 30분까지, 오후 3시부터 4시까지 영업한다. 그러나 은행마다 영업시간이 조금씩 다르며, 일부는 토요일 오전에 문을 열기도 한다. 주요 광장 주변의 식당들은 아침부터 저녁 늦게까지 쉬지 않고 열지만, 그 외의 식당들은 12시부터 2시 30분까지, 저녁 7시부터 11시까지 문을 열며 일부는 일요일에 쉰다.

공휴일

1월 1일: 새해 첫날 Capodanno

1월 6일: 주현절 Epifania

부활절 Pasqua , 부활절 바로 다음 월요일 Pasquetta

4월 25일: 해방 기념일 Festa Della Liberazione

5월 1일: 노동절 Festa del lavoro

6월 2일: 공화국 선포일 Festa della Repubblica Italiana

8월 15일: 성모 승천일 Ferragosto

11월 1일: 만성절 Ognissanti

12월 8일: 성모 수태일 Immacolata Concezione

12월 25일: 성탄절 Natale

12월 26일: 성 스테파노 축일 Santo Stefano

응급 연락처

경찰: 113 | 군경찰 카라비니에리(Carabinieri): 112
화재: 115 | 자동차 견인 요청: 116 | 응급 환자 구급차: 118

* 도난이나 분실 사고 시 영어로 도움받을 수 있는 경찰서
- 경찰서(Polizia): 피에트라피아나 거리 50번지(Via Pietrapiana, 50r)
- 경찰서(Questura): 자라 거리 2번지(Via Zara, 2)
- 군경찰서(Carabinieri): 보르고 오니산티 48번지(Borgo Ognissanti, 48)
* 24시간 응급실과 영어로 진료받을 수 있는 병원
- 산타 마리아 누오바 병원(Ospedale S. Maria Nuova)
  주소: 산타 마리아 누오바 광장 1번지(Piazza S. Maria Nuova, 1) 전화: 055-69381
- 안나 메이어 소아과병원(Ospedale Pediatrico A. Meyer)
  주소: 피에라치니 거리 24번지(Viale Pieraccini 24) 전화: 055-56621
- 카레지 병원(Ospedale di Careggi)
  주소: 브람빌라 대로 3번지(Largo Brambilla, 3)
  전화(외국인 전용): 055-794-7057, 055-794-9888
- 산 조반니 디 디오 병원(Ospedale di San Giovanni di Dio a Torregalli)
  주소: 토레 갈리 거리 3번지(Via Torre Galli, 3) 전화: 055-69321
* 산타 마리아 노벨라 기차역의 시립 약국(Farmacia Comunale)은 24시간 영업하며, 영어를 구사하는 직원이 한 명 이상 근무한다. 전화: 055-289435

주이탈리아 대한민국 대사관

주소: 로마 바르나바 오리아니 거리 30번지(Via Barnaba Oriani 30, 00197 Roma)
대표 전화: (+39) 06 8024 61 | 대표 팩스: (+39) 06 8024 6259
대표 이메일: consul-it@mofat.go.kr
민원 업무 시간: 월요일~금요일, 09:30~12:00, 14:00~16:30
휴일 당직 전화: (+39) 335 1850 499
영사과 여권 분실, 재발급 문의: (+39) 06 8024 6227
비자 문의: (+39) 06 8024 6226
사건 사고 신고 및 상담: (+39) 335 1850 383, (+39) 06 8024 6228
찾아가기: 로마 시내 북쪽 파리올리(Parioli) 지역에 있다. 로마 테르미니역에서 223번 시내버스를 타고 산티아고 델 칠레 광장에서 내려 약 5분 정도 걸어간다.

피렌체 맛보기

피렌체 맛보기 코스는 피렌체를 '얇고 넓게' 훑어보는 여정이다. 개별 코스 하나보다 오래 걸리지만, 하루 만에 피렌체를 둘러보고자 하는 사람에게 매우 유용하다. 주로 중심가를 따라 아르노강 양쪽의 명소들을 찾아가는데, 각 장소에서 얼마나 머무르느냐에 따라 온종일 걸릴 수도 있다. 맛보기 코스를 따라 피렌체의 주요 관광지 대부분을 둘러보고 나면 피렌체가 어떤 곳인지 대략 감을 잡을 수 있을 것이다.

피렌체 중심에 있는 산타 마리아 노벨라 기차역Firenze Santa Maria Novella Stazione은 여정을 시작하기에 가장 합리적인 장소다. 특히 기차나 버스로 피렌체에 도착한 여행객들에게 편리하다. 역 앞의 스타치오네 광장Piazza della Stazione에서 산타 마리아 노벨라 대성당Basilica di Santa Maria Novella 뒤편을 바라보고 섰을 때 왼쪽으로 내려가면, 곧 나치오날레 거리Via Nazionale가 나온다. 이 길을 따라가다가 오른쪽으로 두 번째 길인 아리엔토 거리Via dell'Ariento로 내려가면 생동감 넘치는 길거리 장터가 펼쳐진다. 온갖 기념품과 가짜 명품들을 구경하며 걷다 보면 왼편에 중앙 시장Mercato Centrale '2. 산 로렌초에서 산타 트리니타까지' 62쪽 참고이 나온다. 피렌체 전통 식품과 식자재가 다 모여 있으며, 가벼운 식사나 간식거리를 해결할 수 있다. 아리엔토 거리를 내려가다 산 로렌초 광장Piazza di San Lorenzo에 도착하면 산 로렌초 대성당Basilica di San Lorenzo 측면을 따라 걷는다. 오른쪽에 미완성의 파사드가 나타날 때까지 간다. 산 로렌초 대성당은 피렌체에서 가장 오래되고 가장 큰 성당으로, 오

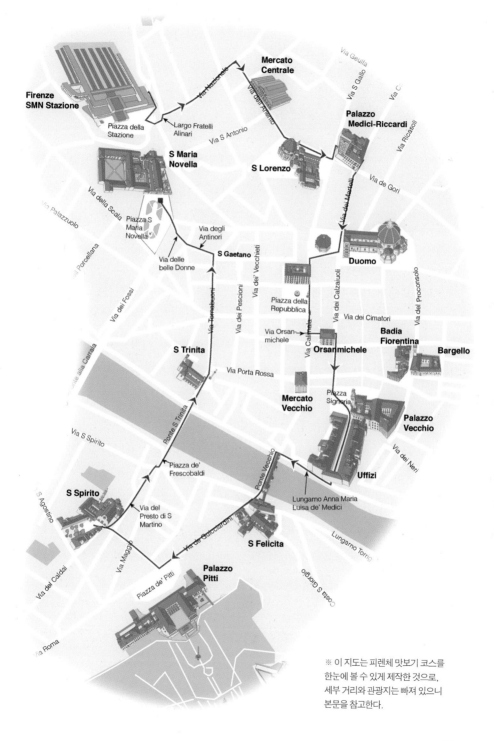

Firenze
SMN Stazione

Piazza della
Stazione

Largo Fratelli
Alinari

Via Nazionale

Mercato
Centrale

Via dell'Ariento

Via S Gallo

Via C

Via Ricasoli

Palazzo
Medici-Riccardi

S Lorenzo

Via de' Gori

Via de' Martelli

S Maria
Novella

Via della Scala

Via Palazzuolo

Via Porcellana

Piazza S
Maria
Novella

Via degli
Antinori

S Gaetano

Via delle
belle Donne

Via dei Fossi

Via dei Vecchietti

Via dei Pescioni

Duomo

Via del Proconsolo

Via dei Calzaiuoli

Via dei Cimatori

Piazza della
Repubblica

Via Orsan-
michele

Via dei Tornabuoni

Via Calimala

Orsanmichele

Badia
Fiorentina

Bargello

S Trinita

Via Porta Rossa

Ponte alla Carraia

Mercato
Vecchio

Piazza
Signoria

Palazzo
Vecchio

Via S Spirito

Ponte S Trinita

Via dei Neri

Piazza de'
Frescobaldi

Uffizi

S Spirito

S Agostino

Via del
Presto di S
Martino

Ponte Vecchio

Lungarno Anna Maria
Luisa de' Medici

Via de Guicciardini

S Felicita

Lungarno Torrig

Via del Caldai

Via Maggio

Palazzo
Pitti

Piazza de' Pitti

Costa S Giorgio

Via Roma

※ 이 지도는 피렌체 맛보기 코스를
한눈에 볼 수 있게 제작한 것으로,
세부 거리와 관광지는 빠져 있으니
본문을 참고한다.

피렌체 두오모의 돔에 오른 사람들.

랜 기간 피렌체를 통치했던 메디치 가문의 성당이었으며, 메디치가
의 주요 인사들이 묻힌 곳이기도 하다'2. 산 로렌초에서 산타 트리니타까지' 60
쪽 참고. 산 로렌초 광장의 끄트머리에서 왼쪽으로 지노리 거리Via de'
Ginori를 따라 걸어가면 오른쪽 모퉁이에 메디치 가문의 유서 깊은 저
택, 팔라초 메디치 리카르디Palazzo Medici Riccardi '2. 산 로렌초에서 산타 트리니
타까지' 58쪽 참고가 있다. '팔라초'는 이탈리아 르네상스 시기 귀족들의
저택이나 궁전, 청사 등을 뜻하는 말이다. 팔라초 메디치 리카르디의
안마당과 야외 조각상은 무료로 둘러볼 수 있지만, 매혹적인 저택 내
부와 마기 예배당Cappella dei Magi은 입장권을 구매해야 관람할 수 있다.
카밀로 카보우르 거리Via Camillo Cavour에 들어서면 우회전한 다음 마
르텔리 거리Via de'Martelli까지 직진한다. 거기서 두오모 광장Piazza del Du-
omo이 나올 때까지 계속 가면, 유명한 삼두정치의 기념비적 건축물이
등장한다. 조토의 종탑Campanile di Giotto과 산 조반니 세례당Battistero di
San Giovanni, 산타 마리아 델 피오레 대성당Cattedrale di Santa Maria del Fiore,
즉 두오모Duomo가 그 주인공이다. 기베르티Ghiberti가 15세기에 제작
한 산 조반니 세례당의 청동문은 르네상스의 출발 신호였다. 두오모

는 이탈리아의 대건축가 브루넬레스키Brunelleschi가 제작한 거대한 돔이 꼭대기를 장식하고 있다'1. 구시가' 41쪽 참고. 이 아름다운 돔은 오늘날 피렌체의 상징이나 마찬가지다. 대성당과 광장을 둘러보고 세례당 끝의 모퉁이에서 좌회전하여 로마 거리Via Roma로 내려가면 레푸블리카 광장Piazza della Repubblica이 나온다. 피렌체의 대표 광장 중 하나로, 기원전 59년 로마제국의 포로 로마노Foro Romano, 시민 광장가 있던 자리다.

로마 거리는 칼리말라 거리Via Calimala로 이어진다. 칼리말라 거리에서 왼쪽으로 첫 번째 나오는 오르산미켈레 거리Via Orsanmichele로 내려가면 오른쪽 두 번째 블록에 한때 곡물 시장이었던 오르산미켈레 성당Chiesa di Orsanmichele이 있다. 르네상스 시대의 무역 조합들이 주문 제작한 성당 외벽의 르네상스 조각들로 유명하다'1. 구시가' 44쪽 참고.

칼차이우올리 거리Via dei Calzaiuoli로 우회전하여 내려가면 피렌체의 심장인 시뇨리아 광장Piazza della Signoria이 나온다. 왼쪽의 팔라초 베키오Palazzo Vecchio는 고대 로마제국의 원형극장 폐허에 지어진 중세의 요새 같은 저택이다. 유서 깊은 카페 리보이레Rivoire에서 잠시 쉬었다가, 광장 한편의 수많은 조각상을 감상한 다음, 팔라초 베키오와 로지아 데이 란치Loggia dei Lanzi 모퉁이에 있는 우피치 광장Piazzale degli Uffizi으로 향한다. 이곳에 피렌체에서 가장 유명한 미술관 우피치'1. 구시가' 50쪽 참고가 있다. 미술관 끄트머리의 아치를 통과해 우회전하면 안나 마리아 루이사 데메디치 강변길Lungarno Anna Maria Luisa de'Medici을 따라 아르노강가를 걸을 수 있다.

피렌체에서 가장 오래된 다리이자 귀금속 상인들의 교역 장소였던 베키오 다리Ponte Vecchio를 건너면 올트라르노의 유서 깊은 수공예 장인 구역으로 들어선다. 다리에서 구이차르디니 거리Via de'Guicciardini로 곧장 나아간다. 만약 자코포 폰토르모Jacopo Pontormo의 대작, 〈십자가 강하〉를 보고 싶다면 산타 펠시타 광장Piazza Santa Felicita에 있는 산타 펠시타 대성당'5. 올트라르노' 108쪽 참고을 방문한다. 구이차르디니 거리는 피티 광장Piazza de'Pitti으로 이어진다. 왼쪽의 거대한 팔라초 피티 Palazzo Pitti는 피렌체에서 가장 큰 저택으로, 훌륭한 예술품을 수없이 소장하고 있다. 광장에는 카페와 와인 바, 수공예품점이 빽빽하게 늘어서 있다'5. 올트라르노' 111쪽 참고.

바닥에 돌이 깔린 피티 골목Sdrucciolo de'Pitti을 따라 우회전하면 더 많은 수공예품점이 줄지어 있다. 계속 가면 미켈로치 거리Via dei Michelozzi 와 만나고, 올트라르노의 심장인 산토 스피리토 광장Piazza Santo Spirito 이 나타난다'5. 올트라르노' 113쪽 참고. 이곳은 낮에는 길거리 장터로 북적거리고, 밤에는 파티를 즐기는 사람들로 붐빈다. 광장의 무수한 카페와 식당은 점심 먹기에 완벽한 장소다. 그중에서도 '오스테리아 산토 스피리토Osteria Santo Spirito'를 추천한다. 브루넬레스키가 내부를 설계한 산토 스피리토 대성당Basilica di Santo Spirito 옆을 지나 프레스토 디 산 마르티노 거리Via del Presto di San Martino를 따라 광장을 벗어난다. 보르고 산 자코포Borgo San Jacopo에서 우회전한 다음 바로 좌회전하면 프레스코발디 광장Piazza de'Frescobaldi이 나온다. 젤라테리아 산타 트리니타 Gelateria Santa Trinita에서 검은깨 아이스크림을 맛보고 유서 깊은 산타 트리니타 다리Ponte Santa Trinita를 건넌다. 이 다리는 이웃한 베키오 다리의 멋진 모습을 감상할 수 있는 최적의 장소다.

다리를 벗어나면 저택과 명품 상점이 줄지어 선 피렌체의 중심가 토르나부오니 거리Via de' Tornabuoni를 따라 직진한다. 곧 왼편에 산타 트리니타 대성당Basilica di Santa Trinita이 나타난다. 기를란다요Ghirlandaio의 유명한 프레스코 벽화로 둘러싸인 이 성당은 무료로 입장할 수 있다 '2. 산 로렌초에서 산타 트리니타까지' 73쪽 참고. 이어서 나타나는 팔라초 스트로치Palazzo Strozzi에서는 전시회가 많이 열리며, 65번지의 분위기 좋은

피렌체의 심장 시뇨리아 광장.

와인 바 프로카치Procacci는 1885년부터 영업 중이다. 계속 가면 산티 미켈레 에 가에타노 성당Chiesa dei Santi Michele e Gaetano과 안티노리 광장 Piazza degli Antinori이 나타난다. 무료로 개방하는 이 성당은 실내 장식이 매우 뛰어나다. 여기서 안티노리 거리Via degli Antinori로 좌회전한 다음, 벨레 도네 거리Via delle Belle Donne로 우회전한다. 끝까지 가서 반키 거리Via dei Banchi로 좌회전하면 피렌체 맛보기 코스의 종착역인 산타 마리아 노벨라 광장Piazza di Santa Maria Novella이 나온다. 이곳에 있는 산타 마리아 노벨라 대성당은 알베르티Alberti가 설계한 파사드로 유명하다 '2. 산 로렌초에서 산타 트리니타까지' 64쪽 참고. 대성당 내부에는 수많은 예술 작품이 가득한데, 그중에서도 마사초Masaccio, 1401~1428의 〈성 삼위일체〉가 단연 돋보인다.

기차나 버스를 이용해 피렌체를 떠날 계획이라면 대성당 옆 아벨리 거리Via degli Avelli를 따라 스타치오네 광장으로 돌아간다. 시내에 머물고 있다면 조금 더 걷거나 택시를 이용한다.

구시가: 르네상스의 탄생

첫 코스는 이탈리아와 유럽 르네상스 시대의 서막을 연 산 조반니 세례당과 두오모 사이에서 출발한다. 1401년, 세례당의 청동문 두 개를 누가 장식할 것인지 경쟁이 붙었다. 이 경쟁에서 승자가된 로렌초 기베르티Lorenzo Ghiberti, 1378~1455는 향후 50년을 청동문 부조를 제작하는 데 바쳤다. 기베르티의 경쟁자였던 필리포 브루넬레스키Filippo Brunelleschi, 1377~1446는 성마르고 오만하기로 유명했는데, 경쟁에서 진 모욕감과 분노로 조각 자체를 그만둬버렸다. 대신 피렌체를 이끄는 대건축가가 되었다. 브루넬레스키의 상처 입은 자존심은 피렌체 전역에 수많은 저택과 성당으로 부활했다. 그중에서도 가장 위대한 업적은 두오모의 어마어마한 돔이다. 건축학적으로 놀라운 위업을 달성한 돔은 피렌체 르네상스 예술의 상징이 되었다. 이렇게 두 거장이 경쟁하던 때를 기점으로 향후 두 세기를 이끌어갈 르네상스 시대가 유럽 전역에 도래했다.

역사적인 구시가를 한 바퀴 둘러보는 이번 코스는 피렌체 여행을 시작하는 데 안성맞춤이다. 피렌체의 역사를 알아보는 것은 물론이고 대표적인 문화유산을 많이 볼 수 있어서 앞으로의 여정에도 이정표가 될 것이다.

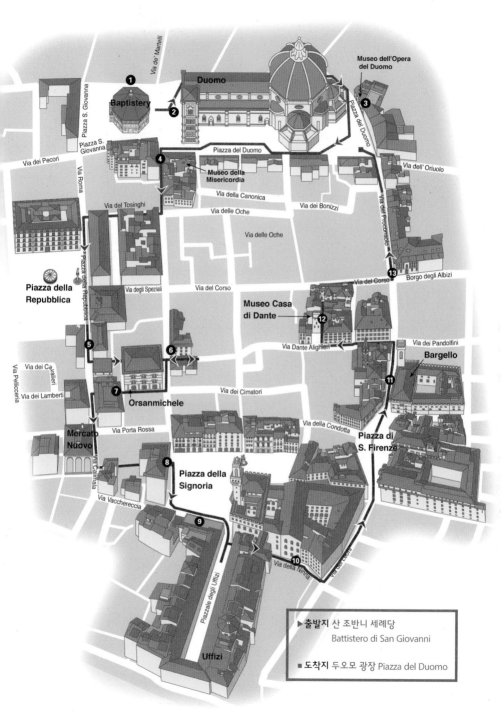

Museo dell'Opera
del Duomo

Duomo

❶

Baptistery

❷

❸ Piazza del Duomo

Piazza S. Giovanna

Via de' Martelli

Piazza S.
Giovanna

Via dei Pecori

Via Roma

Piazza del Duomo

❹

Museo della
Misericordia

Via della Canonica

Via dell' Oriuolo

Via del Tosinghi

Via delle Oche

Via dei Bonizzi

Via del Proconsolo

Piazza della Repubblica

Piazza della
Repubblica

Via degli Speziali

Via del Corso

Via delle Oche

Via del Corso

Borgo degli Albizi

❶❸

**Museo Casa
di Dante**

❶❷

Via Dante Alighieri

Via dei Pandolfini

❺

❻

Via dei Cavalieri

Via dei Lamberti

Via Pellicceria

❼

Orsanmichele

Via dei Cimatori

Bargello

❶❶

Via della Condotta

**Piazza di
S. Firenze**

**Mercato
Nuovo**

Via Porta Rossa

Via Calimala

❽

**Piazza della
Signoria**

Via Vaccherecchia

❾

Via della Ninna

Via dei Calzaioli

❶❿

Piazzale degli Uffizi

Uffizi

▶출발지 산 조반니 세례당
Battistero di San Giovanni

■도착지 두오모 광장 Piazza del Duomo

39

산 조반니 세례당(왼쪽)과 '천국의 문'으로 불리는 동쪽 청동문.

❶ 이번 코스는 산 조반니 세례당Battistero di San Giovanni의 북쪽 문에서 출발한다. 맞은편 매표소에서 대성당 지하 묘지, 세례당, 돔, 두오모 오페라 박물관을 관람할 수 있는 개별 또는 통합 입장권을 구매한다. 피렌체 카드 소지자도 여기서 통합권을 받아야 입장할 수 있다. 수 세기 동안 피렌체 사람들은 원래 이 세례당이 전쟁 신에게 바쳐진 고대 로마의 신전이었다고 믿어왔다. 또 고대 로마의 빵집이었다고 주장하는 사람도 있었다. 사실 세례당은 로마네스크 성당으로 출발했다. 세례당의 유래에 얽힌 두 이야기는 각각 중세 사회의 중심이었던 종교와 르네상스의 중심이 되는 고전적 인본주의를 반영한다.

세례당에서 가장 눈여겨볼 부분은 북쪽과 동쪽에 있는 금박을 입힌 청동문이다. 이 두 청동문은 15세기에 가장 영향력 있던 예술 작품으로 손꼽힌다. 1401년 로렌초 기베르티가 처음 제작 의뢰를 받은 것은 북쪽 문이고, 동쪽 문까지 모두 완성하는 데 자그마치 50년이 걸렸다. 동쪽 문은 북쪽 문 다음에 제작되어 더욱 휘황찬란하다. '천국의 문'으로 불리는 동쪽 문을 자세히 보자. 원근법 사용, 고전적인 건축 양식, 사실주의적 기법 등 르네상스 예술의 핵심이 모두 담겨 있다.

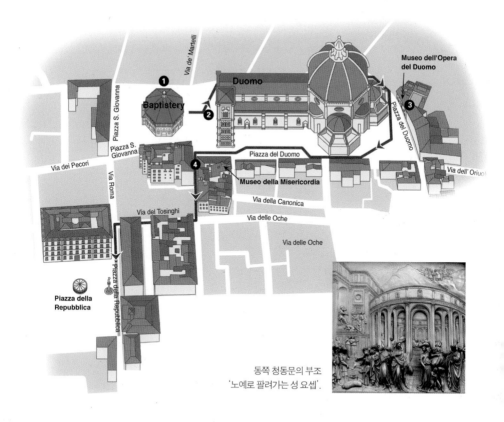

동쪽 청동문의 부조
'노예로 팔려가는 성 요셉'.

❷ '천국의 문' 맞은 편에 대리석 상감, 스테인드글라스, 모자이크, 조각
상으로 화려하게 장식한 두오모Duomo가 우뚝 솟아 있다. 정식 명칭은
산타 마리아 델 피오레 대성당Cattedrale di Santa Maria del Fiore이고, 피렌체
를 대표하는 성당이라는 뜻으로 흔히 '피렌체 두오모'라고 부른다. 그
오른쪽은 유명한 조토의 종탑Campanile di Giotto이다.

13세기 피렌체 공화국은 전 세계적으로 유명한 두오모 외에도 산타
크로체, 산타 마리아 노벨라 등 수많은 성당을 건설했는데, 이는 당시
날로 번창하던 피렌체 공화국의 경제력을 잘 보여준다. 하얀 카라라
대리석, 초록빛의 프라토 대리석, 붉은색이 감도는 마렌나 대리석으
로 마무리된 두오모의 둘레를 한 바퀴 걸어보면 그 엄청난 규모를 실

두오모 돔 천장의 프레스코화 〈최후의 심판〉.

감할 수 있다. 규모 면에서라면 브루넬레스키의 돔이 단연 압권이다. 이 돔은 워낙 커서 멀리 떨어져서 보아야만 한눈에 들어온다. 1418년 당시 지름이 42미터에 육박하는 거대한 돔을 올릴 수 있으리라 믿은 사람은 거의 없었다. 그러나 브루넬레스키는 끝까지 포기하지 않았고, 오늬무늬V자형 무늬를 연결한 형태로 엮은 벽돌을 이용해 이중 구조의 돔을 설계하는 데 성공했다.

463개의 계단을 올라 돔의 발치까지 가면 돔 구조와 대성당 내부를 가장 잘 볼 수 있으며, 피렌체 구시가의 멋진 전망도 감상할 수 있다. 돔 관람은 시간별 사전 예약제로 운영하는데, 여름 성수기에는 일주일 치가 다 매진되곤 한다. 따라서 피렌체 방문 전에 미리 인터넷으로 예매하는 것이 좋다. 대성당 내부는 오전 10시부터 무료로 관람할 수 있지만, 성수기에는 성당을 빙 둘러쌀 만큼 긴 줄을 각오해야 한다.

❸ 대성당 뒤쪽 광장 끝에 두오모 오페라 박물관Museo dell'Opera del Duomo이 있다. 이 건물은 1296년 대성당 건축을 관리·감독하기 위해 지은 것으로, 현재는 대성당과 세례당, 종탑에서 나온 각종 예술품을 보관

레푸블리카 광장.

하는 박물관으로 이용하고 있다. 세례당의 청동문 진품도 비바람을
피해 이곳에 전시되어 있다.

❹ 두오모를 한 바퀴 돌아 칼차이우올리 거리Via dei Calzaiuoli로 좌회전하
여 토신기 거리Via dei Tosinghi와 오케 거리Via delle Oche 갈림길까지 간다.
갈림길에서 오케 거리로 좌회전하면 유명한 젤라테리아 그롬GROM
이 있다. 반대로 갈림길에서 토신기 거리로 우회전한 다음 로마 거리
Via Roma에서 좌회전하면 레푸블리카 광장Piazza della Repubblica, 즉 '공화
국 광장'이 나온다. 레푸블리카 광장은 로마제국 초창기에 주요한 토
론장이었다. 광장이 오늘날의 신고전주의 모습을 갖춘 때는 피렌체
가 이탈리아의 수도였던 19세기 중반이다.
35번지에 있는 카페 파슈코프스키Paszkowski는 19세기 유대인 거주지
에서 폴란드 양조장으로 문을 열었는데, 현재의 명망 있는 자리로 옮
기면서 예술가들의 집결지가 되었다. 지금은 다소 비싼 편이지만, 과
거의 보헤미안 분위기는 그대로이며 여름에는 멋진 야외 콘서트가
열린다.

르네상스 조각상으로 벽면을 채운 오르산미켈레 성당.

❺ 칼리말라 거리Via Calimala로 내려가 첫 번째 골목에서 좌회전하여 오르산미켈레 거리Via Orsanmichele를 따라가면 오른쪽에 오르산미켈레 성당Chiesa di Orsanmichele이 나온다. 1290년에 건물을 지어 곡물 장터로 사용했는데, 기적처럼 성모 마리아의 모습이 나타난 이후 성당이 되었다. 이 성당은 매일 오전 10시부터 오후 5시까지 개방한다.

성당의 양쪽 외벽에는 조각상을 세울 수 있게 안으로 움푹 들어간 부분이 있다. 이 공간은 1404년에 주요 상인 조합 두 곳에 할당되었다. 그 시절 상인 조합은 피렌체 공화국을 운영하는 데 매우 큰 역할을 했으며, 그들의 후원으로 르네상스 예술과 건축이 꽃을 피울 수 있었다. 오르산미켈레 성당은 두 상인 조합이 외벽을 채우기 위해 도시의 최고 예술가들을 고용하는 경쟁의 장이 되었다.

성당 벽면 작품 중 가장 유명한 것은 도나텔로Donatello의 성 게오르기우스San Giorgio 조각상이다. 용을 무찌른 후 방패를 내려놓고 먼 곳을 응시하는 모습을 사실주의적으로 묘사한 걸작으로 평가받는다. 성 게오르기우스는 용을 죽이고 공주를 구한 중세의 젊은 기사다. 이 일을 계기로 수많은 사람이 기독교로 개종해 세례를 받았다. 성 게오르

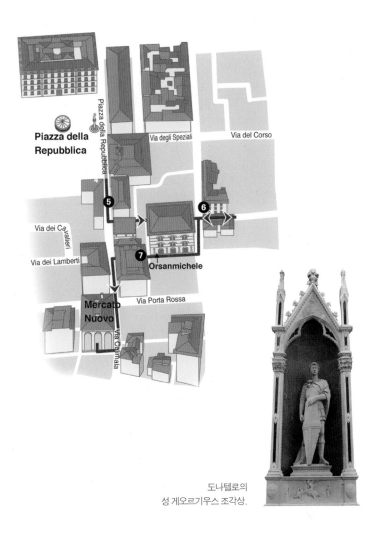

Piazza della
Repubblica

Piazza della Repubblica

Via degli Speziali

Via del Corso

5

6

7

Via dei Cavalieri

Via dei Lamberti

Orsanmichele

Mercato
Nuovo

Via Porta Rossa

Via Calimala

도나텔로의
성 게오르기우스 조각상.

기우스에 대한 전설은 동상 아래 새겨져 있다. 도나텔로는 사람들이 조각상 바로 아래에서 올려다볼 것을 염두에 두고 작품을 조각했기 때문에, 길 건너편에서 바라보면 성 게오르기우스의 머리가 몸에 비해 지나치게 작다. 착시 현상을 이용한 전형적인 르네상스 기법이다.

피렌체 신시장 '메르카토 누오보'.

❻ 치마토리 거리Via dei Cimatori 안쪽으로 들어가 가게 세 곳을 지나면 왼
쪽에 이탈리아에서 흔히 볼 수 있는 작은 식당 이 프라텔리니I Fratellini
가 있다. 다음 목적지로 출발하기 전 맛있는 샌드위치를 사거나 레드
와인 한 잔으로 목을 축여보자. 또는 송로버섯tartufo 요리 중 하나를
맛보는 것도 추천한다. 오르산미켈레 성당 외벽을 따라 늘어선 조각
상을 감상하면서 계속 간다. 성 게오르기우스 조각상 외에 안드레아
델 베로키오Andrea del Verocchio의 예수와 성 토마스 조각상, 도나텔로의
성 마르크 조각상이 눈여겨볼 만하다.

❼ 람베르티 거리Via dei Lamberti를 향해 내려가다 칼리말라 거리Via Calimala
가 나오면 좌회전한다. 맞은편에 신시장Mercato Nuovo의 둥근 아치가
보인다. 이름은 '새로운 시장'이지만 귀족과 약재상, 떠들썩한 상인
들과 의류상이 북적거리던 단테Dante, 1265~1321 시절부터 있었다. 현
재는 가죽 제품과 기념품을 판매하는 시장으로 특화되었다. 로지아
loggia, 한쪽 또는 그 이상의 면이 트인 방이나 통로 한가운데로 걸어가면 바퀴 모
양 돌이 바닥에 박혀 있다. 피에트라 델라쿨라타Pietra dell'acculata, 즉 '엉

덩이 돌'이라고 하는데, 500년 전 부정행위를 저지른 상인들에게 내린 특이한 벌칙에서 유래한 이름이다. 부정행위를 한 상인은 발가벗겨진 채 손과 다리가 묶인 상태에서 엉덩이를 돌 위에 세 번 닿게 했다가 뗀 후 재산을 몰수당했다고 한다. 그래서 피렌체 사람들은 '스타레 쿨로 아 테라stare culo a terra', 즉 '엉덩이가 땅에 닿는다'는 표현을 '파산했다'는 의미로 즐겨 쓴다.

마지막으로 시장을 떠나기 전 잊지 말고 새끼 돼지 일 포르첼리노Il Porcellino의 코를 문지르자. 전하는 이야기에 따르면 그래야 피렌체에 다시 돌아올 수 있다고 한다.

피렌체 시청사로 쓰이는 팔라초 베키오(탑이 있는 건물)와 로지아 데이 란치(오른쪽).

❽ 칼리마루차 거리Via Calimaruzza를 따라가면 시뇨리아 광장Piazza della Signoria이 나온다. 이 광장은 피렌체 역사에서 가장 격동적인 시기를 함께하면서 정치와 예식의 중심이 되었다. 가령, 광신적인 종교 개혁자였던 도미니크회 수사 사보나롤라Savonarola, 1452~1498에 의해 이른바 '허영의 소각' 사건이 벌어진 현장이 바로 이곳이다. 사보나롤라는 1494년 메디치가를 잠시 몰아낸 후 일부 예술품과 서적, 화장품 등 수천 개의 물품을 죄악으로 치부해 시뇨리아 광장에서 불태웠다. 그리고 몇 년 후 자신도 이곳에서 화형당했다.

오늘날 이 광장은 일종의 야외 박물관이다. 특히 팔라초 베키오Palazzo Vecchio는 수많은 조각상으로 둘러싸여 있어 조각 전시장을 방불케 한다. 그중에서도 도나텔로의 사자상과 유디트와 홀로페르네스 청동 조각상의 복제품, 미켈란젤로의 다비드상 복제품이 유명하다. 이 세 조각상은 모두 피렌체 공화국의 상징이자, 13세기 시민사회의 중심지였던 팔라초 베키오에 잘 어울리는 마스코트다. 물론 피렌체에서 가장 높은 팔라초 베키오 탑의 위용도 빼놓을 수 없다. 팔라초 베키오

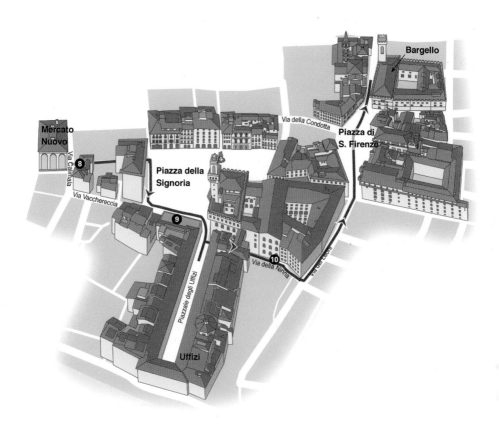

는 오늘날 시청사로 쓰이고 있으며, 프레스코화가 그려진 실내는 누구나 관람할 수 있다목요일과 금요일 제외. 탑 꼭대기에 오르면 멋진 전망도 감상할 수 있다.

❾ 로지아 데이 란치Loggia dei Lanzi에는 전형적인 매너리즘르네상스에서 바로크로 이행하는 과도기에 나타난 양식으로, 왜곡되고 과장된 표현이 많다 조각상들이 가득하다. 그중에서도 잠볼로냐Giambologna, 1529~1608가 1583년에 제작한 〈겁탈당하는 사비니 여인들〉이 특히 시선을 사로잡는다. 조각 주위를 돌면서 감상할 수 있도록 의도한 나선형 구조 덕분에 조각상은 어느 위치에서 봐도 강렬하다.

유서 깊은 카페 리보이레Rivoire에서 잠시 쉬었다가 팔라초 베키오와 로지아 데이 란치 사이로 광장을 빠져나가자. 곧바로 우피치 광장Piazzale degli Uffizi이 나온다. 이곳에 있는 우피치 미술관Galleria degli Uffizi은 세계에서 가장 아름다운 미술관으로 명성이 자자하다. 세계적인 대작을 많이 소장하고 있는데, 보티첼리Sandro Botticelli, 1445?~1510의 〈베누스Venus, 비너스의 탄생〉, 티치아노Tiziano Vecellio, 1490?~1576의 〈우르비노의 베누스〉가 가장 유명하다. 우피치는 세계적인 미술관인 만큼 늘 관람객이 많다. 인터넷으로 입장권을 미리 구매해두거나 피렌체 카드를 소지하면 줄 서는 시간을 조금 아낄 수 있다.

❿ 닌나 거리Via della Ninna를 통해 팔라초 베키오 아래쪽을 지나 레오니 거리Via dei Leoni로 좌회전한다. 산 피렌체 광장Piazza di San Frienze에 이르면 오른쪽에 바로크 조각들로 장식한 성당 콤플레소 디 산 피렌체 Complesso di San Firenze가 보인다. 광장을 가로질러 프로콘솔로 거리Via del Proconsolo로 내려가면 오른쪽에 바르젤로 국립 미술관Museo Nazionale del Bargello이 나온다. 마치 요새 같은 이 건물은 피렌체 역사에서 여러 차례 다시 태어났다. 1250년 구엘프 정부가 팔라초 포폴로Palazzo Popolo 라는 이름으로 처음 세웠고, 14세기와 15세기에는 감옥과 고문실로 사용되었다. 사보나롤라도 이곳의 감옥에서 고문당한 뒤 시뇨리아 광장으로 끌려가 처참한 최후를 맞았다. 메디치 가문은 이곳을 경찰청 본사로 썼는데, 이 때문에 바르젤로경찰라는 별칭이 생겼다.

오늘날 바르젤로 국립 미술관의 외관은 수수하지만 그 안에는 피렌체에서 가장 뛰어난 조각품들이 소장되어 있다. 특히 도나텔로의 다비드 청동상이 인상적이다. 아름답지만 연약해 보이는 도나텔로의 청동 다비드는 아카데미아 미술관에 있는 미켈란젤로의 거대한 대리석 다비드와 강렬한 대비를 이룬다.

우피치 미술관의 외부(위)와 실내 전시실.

나란히 솟아 있는 피오렌티나 대수도원 종탑(왼쪽)과 바르젤로 국립 미술관의 탑.

⓫ 왼쪽으로 좀 더 가면 베네딕트회가 10세기에 설립한 피오렌티나 대수도원Badia Fiorentina이 있다. 대수도원은 지금까지 수차례 재건되었지만, 로마네스크 양식의 종탑과 나무로 만든 바둑판 모양의 천장은 10세기 모습 그대로 남아 있다. 필리피노 리피Filippino Lippi, 1457?~1504가 1486년에 그린 제단화 〈성 베르나르드 앞에 나타난 성모 마리아〉가 유명하다.

수도원을 지나 좌회전하여 단테 알리기에리 거리Via Dante Alighieri로 내려가면 피렌체의 중세 구역으로 들어선다. 이 거리는 지난 700년간 거의 변하지 않은 채 옛 모습을 간직하고 있다. 길을 따라 계속 가면 단테 생가Museo Casa di Dante가 있는 작은 마당이 나온다. 세계적인 문인이자 이탈리아어의 아버지라 할 수 있는 단테는 이곳에서 1265년에 태어나 1302년 피렌체에서 추방될 때까지 살았다. 단테 생가는 오전 10시부터 오후 6시까지 매일 개방한다. 단, 동절기11월~이듬해 3월에는 한 시간 일찍 문을 닫는다.

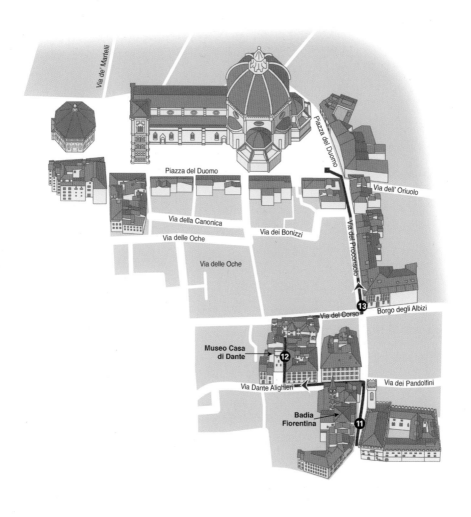

⑫ 산타 마르게리타 거리Via Santa Margherita를 따라가면 곧 자그마한 산타
마르게리타 성당Chiesa di Santa Margherita dei Cerchi이 나온다. 단테의 삶에
큰 영향을 준 곳이어서 '단테 성당'으로 더 잘 알려졌다. 단테가 일생
을 바쳐 사랑한 베아트리체 포르티나리를 처음 만난 곳이 바로 이 성

당이다. 당시 단테는 감수성 예민한 아홉 살이었다고 한다. 이 성당은 포르티나리 가족묘가 있는 곳이기도 하다. 그리고 훗날 단테가 젬마 도나티와 결혼식을 올린 곳도 이곳이다. 성당 안에는 네리 디 비치Neri di Bicci, 1419~1491 의 아름다운 작품 〈왕좌에 앉은 성모 마리아〉가 있다. 다시 밖으로 나오면 성당 맞은편에 와인과 치즈를 맛볼 수 있는 식당 안티카 보테가Antica Bottega가 있다. 아치 뒤쪽으로 좀 더 가면 전통적인 이탈리아 식당 다비나티에리Da'Vinattieri가 나온다. 내킨다면 이곳에서 피렌체의 전통 음식 트리파 알라 피오렌티나trippa alla Fiorentina를 맛보자. 양파와 토마토를 곁들인 양고기 요리다. 이 조용하고 매력적인 거리는 와인을 즐기기에도 손색이 없다. 아치를 지나 코르소 거리 Via del Corso로 들어서면 우회전한다.

⓭ 첫 번째 골목에서 좌회전해 프로콘솔로 거리Via del Proconsolo로 돌아온다. 오른쪽에 전 세계의 인류학 관련 전시를 볼 수 있는 인류 민족 박물관Museo di Antropologia ed Etnologia, 수요일은 정기 휴일이 있다. 피렌체에 흩어져 있는 여섯 개의 자연사박물관 분관 중 하나다. 프로콘솔로 거리를 계속 따라가면 다시 두오모 광장이 나온다. 왼편의 젤라테리아 에두아르도Eduardo에서 수제 아이스크림으로 여정을 마무리한다.

산타 마르게리타 성당으로 이어지는 산타 마르게리타 거리(위)와 단테 생가.

산 로렌초에서
산타 트리니타까지: 권력과 예술 후원

'공화국'이라는 이름과 상관없이 피렌체는 15세기 이후 권력과 부를 누렸던 여러 가문의 후원으로 건설된 도시다. 피렌체의 상류층 가문은 주로 무역과 상업으로 부를 축적했으며, 예술가를 후원하고 성당과 저택을 짓는 데 경쟁적으로 돈을 쏟아부었다. 그중에서도 거의 3세기 동안 실질적으로 피렌체를 다스린 메디치 가문이 예술 후원에도 단연 앞섰다.

이번 걷기 코스는 메디치 가문의 저택, 팔라초 메디치 리카르디Palazzo Medici Riccardi에서 출발해, 산 로렌초San Lorenzo 와 산타 마리아 노벨라Santa Maria Novella 구역의 다양한 저택과 성당 네 곳을 둘러본다. 모두 르네상스 시대 과두정치적은 수의 우두머리가 국가의 최고 기관을 조직하여 행하는 독재적인 정치 체제의 지배층이 피렌체에 남긴 위대한 유산으로, 그 시대의 예술과 권력, 종교 간의 공생 관계를 잘 보여준다. 한편, 피렌체의 중앙 시장에서 토스카나 지방의 전통 음식을 맛보고 기념품을 구경한 뒤, 수 세기를 살아남은 수공예품점과 화려한 명품점도 둘러볼 것이다.

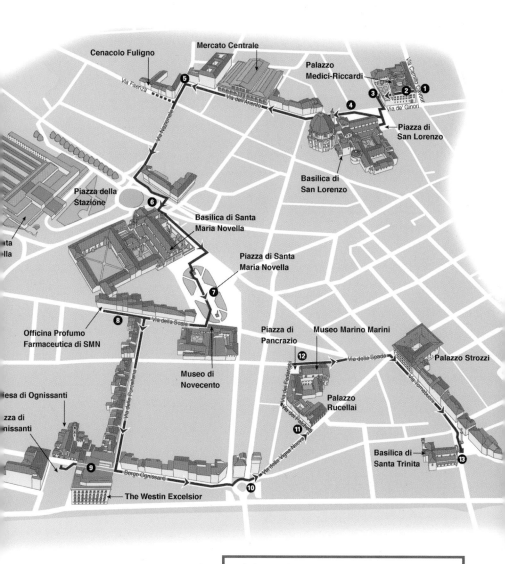

Cenacolo Fuligno

Mercato Centrale

Palazzo
Medici-Riccardi

Via Faenza

Via dell'Ariento

Via de' Ginori

Via Camillo Cavour

Piazza di
San Lorenzo

Via Nazionale

Basilica di
San Lorenzo

Piazza della
Stazione

Basilica di Santa
Maria Novella

Piazza di Santa
Maria Novella

Via della Scala

Piazza di
Pancrazio

Museo Marino Marini

Via della Spada

Palazzo Strozzi

Officina Profumo
Farmaceutica di SMN

Via delle Porcellane

Via dei Federighi

Via dei Palchetti

Via Tornabuoni

Museo di
Novecento

Palazzo
Rucellai

iesa di Ognissanti

zza di
nissanti

Via della Vigna Nuova

Basilica di
Santa Trinita

Borgo Ognissanti

The Westin Excelsior

▶출발지 팔라초 메디치 리카르디 Palazzo Medici Riccardi

■ 도착지 산타 트리니타 대성당 Basilica di Santa Trinita

팔라초 메디치 리카르디의 외관.

❶ 카밀로 카보우르 거리Via Camillo Cavour 1번지에 있는 팔라초 메디치 리
카르디Palazzo Medici Riccardi, 수요일은 정기 휴일는 1444년 메디치 가문의 첫
번째 수장이자 피렌체 공화국의 실질적 지도자였던 코시모 데메디치
Cosimo de' Medici, 1389~1464가 건설했다. 참고로 메디치 가문에는 두 명
의 코시모가 있는데, 두 사람을 혼동하지 않기 위해 이탈리아에서는
먼저 태어난 코시모를 일명 코시모 일 베키오Cosimo Il Vecchio, 즉 '더 나
이든 코시모'라 부르기도 한다.

코시모 일 베키오는 '공화국'이라고 자칭한 도시에서 권력을 과시하
는 행위는 무엇이든 피해야 한다는 것을 이해한 기민한 사람이었다.
그래서 그는 저택을 지을 때 브루넬레스키의 거창한 설계를 거절하
고 미켈로초Michelozzo Michelozzi, 1396~1472의 투박한 설계를 선택했다.
이 저택의 특징인 장식용 처마 돌림띠나 층별로 명확하게 구분된 디
자인 등은 15세기 다른 저택 설계의 모범이 되었다. 팔라초 메디치 리
카르디는 코시모가 지켜야 했던 권력의 섬세한 면모를 잘 보여준다.
이처럼 부유한 가문의 거처라고 하기에는 규모가 꽤 작았으나비록 사

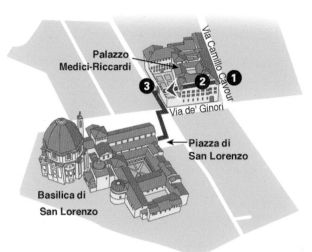

필리포 리피의 작품 뒷면에 그려진
성 제로메의 스케치. 팔라초 메디치
리카르디 내부에 전시되어 있다.

치가 심한 코시모의 후손들이 후에 확장하기는 했지만, 요새처럼 위협적인 인상을
풍기는 거친 석재는 그 누구도 메디치 가문에 반기를 들지 말라는 코
시모의 경고를 담고 있다.

❷ 저택의 우아한 안마당에는 메디치 가문의 의전 상징들이 가득하다. 1
층 매표소에서 입장권을 구매하고 오른쪽의 층계를 올라가 마기 예
배당Cappella dei Magi, 즉 '동방박사 예배당'을 둘러보자. 이곳에 베노

초 고촐리Benozzo Gozzoli, 1420~1497의 1459년 작품 〈동방박사의 행렬〉이 있다. 고촐리에게 그림을 주문한 피에로 디 코시모Piero di Cosimo de' Medici, 1416~1469는 인물들을 최대한 밝은 색상의 최고급 옷을 입은 모습으로 그릴 것을 요구했다. 그 결과 이처럼 묘한 매력의 프레스코화가 탄생했고, 보석처럼 화려해서 그림에 담긴 종교적 주제도 잊게 한다. 어쩌면 고촐리는 20년 전 이국적인 동양 사절단을 불러들였던 피렌체 의회의 영향을 받았을지도 모른다. 호화로운 저택의 나머지 부분도 천천히 둘러보고 밖으로 나가자.

❸ 기노리 거리Via de'Ginori로 좌회전하면 오른쪽에 산 로렌초 대성당Basilica di San Lorenzo과 산 로렌초 광장Piazza di San Lorenzo이 나온다. 산 로렌초 대성당은 피렌체에서 가장 오래되고 가장 큰 성당인 만큼, 여러 건축 사조가 조각보처럼 섞여 있다. 현재 우리가 보는 대성당은 주로 브루넬레스키가 설계한 것인데, 그가 1446년에 세상을 떠날 때까지 완공되지 못했다. 대성당 건설은 메디치 가문의 후원으로 마네티와 미켈로초가 이어받았다.

성당 왼쪽 문을 통하면 미켈란젤로가 설계한 아름다운 메디체아 라우렌차나 도서관Biblioteca Medicea Laurenziana에 들어서게 된다. 메디치 가문이 수집한 고대 문서들을 대량 소장하고 있다.

베노초 고촐리의 작품 〈동방박사의 행렬〉(위)과 산 로렌초 대성당.

피렌체 중앙 시장 '메르카토 첸트랄레'.

❹ 대성당의 측면을 끼고 우회전한 다음 가죽 제품을 파는 노점상이 즐
비한 아리엔토 거리Via dell'Ariento로 직진한다. 상인들의 열성적인 호객
행위를 피하고 싶다면 오른쪽 골목으로 들어가 16번지에 있는 유서
깊은 와인 바 카사 델 비노Casa del Vino를 방문해보자. 다양한 이탈리아
와인과 전통 안주로 유명해서 오전 9시부터 현지인들로 붐비는 곳이
다. 좀 더 내려가면 중앙 시장Mercato Centrale의 철제 구조물이 눈에 들
어온다. 피렌체 음식 문화의 중심지로, 토스카나 지방의 전통 요리를
맛볼 수 있다. 아래층에는 신선한 식료품을 파는 상점들이 꽉 들어차
있고, 위층에는 카페와 식당이 있다. 맛있는 냄새가 솔솔 나는 일 타
르투포Il Tartufo에서 송로버섯 파스타를 맛볼 수 있다.

❺ 아리엔토 거리 끝에서 나치오날레 거리Via Nazionale로 좌회전한다. 수
요일이라면 파엔차 거리Via Faenza로 조금 돌아가 40번지에 있는 체나
콜로 델 풀리뇨Cenacolo del Fuligno에서 페루지노의 〈최후의 만찬〉을 감
상한다'11. 체나콜로 순례길' 196쪽 참고. 다른 요일이라면 나치오날레 거리

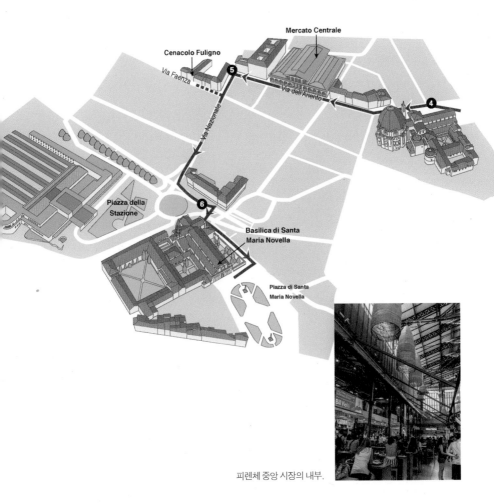

피렌체 중앙 시장의 내부.

를 계속 따라간다. 나치오날레 거리 43번지의 소그니 인 카르타Sogni in Carta에서는 대리석 빛깔의 아름다운 공책을 판매하니 관심 있으면 들러보자.

계속 나치오날레 거리를 따라가면 혼잡한 스타치오네 광장Piazza della Stazione으로 들어서게 된다. 오른쪽에 보이는 산타 마리아 노벨라 기차역Firenze Santa Maria Novella Stazione은 1930년대 브루탈리즘거대한 콘크리트나 철제 블록 등을 이용한 기능주의와 거친 조형을 추구한 20세기 중반 이후의 건축 양식 건축물의 모범으로 주목받았다.

❻ 산타 마리아 노벨라 광장Piazza di Santa Maria Novella 으로 좌회전한다. 산타 마리아 노벨라 대성당은 루첼라이 가문의 주문으로 알베르티Leon Battista Alberti, 1404~1472가 설계한 상징적인 파사드로 유명하다. 가문의 이름 '루첼라이Rucellai'는 그들이 수입하던 붉은 염료 '오리첼로oricello' 에서 유래했다. 파사드의 프리즈방이나 건물의 윗부분에 있는 띠 모양의 장식에 는 가문의 상징인 '바람에 휘날리는 돛' 문양이 선명하게 새겨져 있 다. 알베르티에게 파사드 설계를 의뢰한 조반니 루첼라이Giovanni Rucellai는 중세 시대에 제작된 파사드 아랫부분을 보존하라고 명했고, 이 는 '르네상스 사람' 알베르티에게 커다란 딜레마였다. 고민 끝에 알베 르티는 파사드에 소용돌이 모양의 무늬를 추가함으로써 문제를 해결 했다. 이로써 위아래가 조화를 이루면서도 르네상스 분위기를 살린 파사드가 완성되었다.

대성당 안에 있는 마사초의 1428년 작품 〈성 삼위일체〉는 당시 발명 된 원근법을 사용한 최초의 그림이다. 토르나부오니 예배당Cappella Tornabuoni이라 불리는 중앙 예배당에는 도메니코 기를란다요Domenico Ghirlandajo, 1449~1494의 프레스코화가 있다. 이 작품은 〈성 삼위일체〉보 다 50년 늦게 제작된 것으로, 고전 건축물을 이용해 고도의 원근법을 살렸다. 이는 마사초의 영향력이 얼마나 대단했는지 보여주는 단적 인 예다.

산타 마리아 노벨라 대성당의 파사드(위)와 고딕 양식의 대가 조토가 제작한 십자가상.

오니산티 광장에서 바라본 오니산티 성당의 파사드.

❼ 광장 건너편에 20세기 이탈리아 예술 작품을 전시하는 노베첸토 박물관Museo Novecento이 있다. 스칼라 거리Via della Scala로 우회전하면 16번지에 오피치나 프로푸모 파르마체우티카 디 산타 마리아 노벨라Officina Profumo Farmaceutica di Santa Maria가 나온다. 이 긴 이름은 '산타 마리아 노벨라에 있는 화장품 가게 겸 약국'이라는 뜻으로, 이곳은 도미니크회 수사들이 1221년경 설립한, 세계에서 가장 오래된 약국 중 하나다. 17세기에 이곳 수사들이 만든 연고와 영약의 효과가 널리 알려지면서 약국이 대중에게 문을 열었고, 그 후 유럽 전역과 러시아, 심지어 중국까지 그 명성이 퍼졌다. 오늘날은 공인된 박물관으로 자리 잡았고, 토스카나 지방에서 수확한 재료로 아로마 향수와 양초, 차 등을 만들어 판매한다.

❽ 약국을 나와 첫 번째 골목에서 좌회전하여 포르첼라나 거리Via del Porcellana로 들어선다. 길 끄트머리에서 수공예품점이 늘어선 보르고 오니산티Borgo Ognissanti로 우회전하면 오니산티 성당Chiesa di Ognissanti이

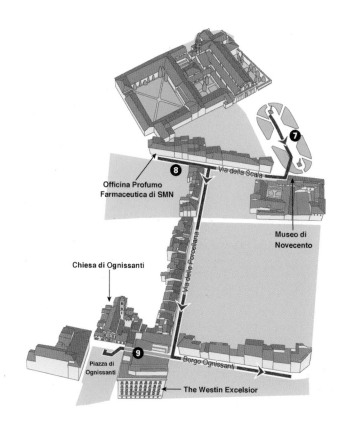

있다. 피렌체를 방문한 관광객 대다수가 이 성당을 그냥 지나치는데, 사실 이곳은 근사한 예술 작품으로 가득하다. 특히 보티첼리의 팬이라면 꼭 방문해야 할 성당이다. 르네상스의 거장 보티첼리는 생의 대부분을 성당 근처에서 살았으며, 15세기에 이곳에서 기를란다요와 함께 작업했다. 중앙 예배석 오른쪽 벽에 있는 베스푸치 예배당Cappella Vespucci에 기를란다요의 1472년 작품 〈은총의 성모 마리아〉가 있다. 성모 마리아가 베스푸치 가문 사람들을 보살펴주는 그림이다. 그

림 우측에 보이는 우아한 여성은 시모네타 베스푸치Simonetta Vespucci
로, 보티첼리가 홀린 듯 사랑에 빠져 베누스의 얼굴 모델로 삼았던 당
대의 이름난 미인이다. 그녀가 스물세 살의 나이로 죽음을 맞이했을
때, 보티첼리는 그녀 가까이 있고 싶어서 자신이 죽으면 이 성당에 묻
어 달라고 유언했다. 현재 시모네타의 무덤 위치는 알려진 바 없지만,
보티첼리는 우측 익랑 바닥의 둥근 대리석 판 아래 잠들어 있다.

❾ 이쯤에서 식전에 마시는 칵테일, 아페롤 스프리츠aperol spritz가 당긴
다면 피렌체의 멋진 풍경을 감상할 수 있는 웨스틴 엑셀시어 호텔The
Westin Excelsior 꼭대기로 향한다. 또는 피렌체의 수공예품을 구경하고
싶다면 보르고 오니산티를 거닐어보자. 보르고 오니산티 22번지의
조반니 바카니Giovanni Baccani는 아름다운 액자와 인쇄물을 제작 및 판
매하는 곳이고, 그 옆의 로마노 안티쿠에스Romano Antiques는 골동품으
로 유명하다. 3번지 보테가 다르테Bottega D'Arte에서는 1300년대의 아
름다운 도자기 장식품을 판매한다.

액자와 인쇄물을
제작·판매하는
조반니 바카니.

오니산티 성당의 천장화(위)와 중앙 제단.

❿ 카를로 골도니 광장Piazza Carlo Goldoni에 들어서면 좌회전하여 비냐 누오바 거리Via della Vigna Nuova로 내려간다. 한 블록 걸어가면 왼편에 팔라초 루첼라이Palazzo Rucellai가 있다. 1446~1451년에 알베르티가 그의 후원자 조반니 루첼라이를 위해 설계했으며, 팔라초 메디치 리카르디의 개척 정신을 이은 저택 중 하나다. 알베르티는 이전 세대의 요새 같은 저택이 아니라 '아르노강의 아테네'를 표방하여 새롭고 정교하며 섬세한 저택을 짓고 싶었다. 그래서 그는 부드러운 석재를 이용해 고전적인 양식으로 각 층을 설계했다. 하지만 팔라초 루첼라이를 짓는 과정에서 수공예 상점들이 늘어섰던 거리를 통째로 철거해야 했다. 이는 팔라초 루첼라이만의 문제가 아니었다. 피렌체에는 15세기 후반에만 100여 채의 저택이 들어섰고, 그 과정에서 주변 지역을 완전히 해체해 피렌체의 사회적 풍경을 급속도로 바꾸어 놓았다.

⓫ 팔케티 거리Via dei Palchetti로 좌회전하면 6번지에 현지인들에게 인기가 많은 이탈리아 전통 식당 일 라티니Il latini가 있다. 시끌벅적한 일 라티니 입구 바로 오른쪽에는 작은 '와인 구멍'이 있다. 마치 작은 예배당 같이 생겨서 '와인 예배당'이라는 이름으로도 유명하다. 수 세기

팔케티 거리에 있는 '와인 구멍'(왼쪽)과 팔케티 거리 풍경.

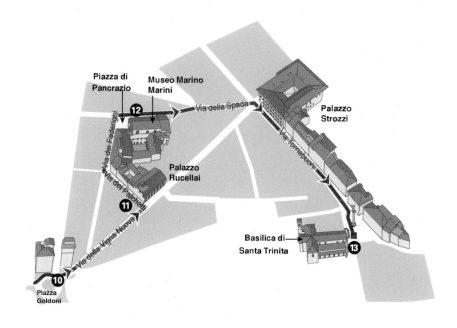

동안 귀족들이 수제 와인을 대중에게 판매하던 곳으로, 구멍 크기는
짚으로 둘러싼 작은 병 하나만 통과할 수 있는 정도다. 이 전통은 20
세기에 들어서면서 사라졌고, 다른 곳의 와인 구멍은 대부분 막혔다.
페데리기 거리Via dei Federighi로 우회전하면 산 판크라초 광장Piazza di San
Pancrazio이 나온다. 한때 산 판크라초 성당이었던 건물은 현재 이탈리
아 조각가 마리노 마리니Marino Marini, 1901~1980의 조각품을 전시하는
미술관이 되었다. 하지만 예전 산 판크라초 성당에 알베르티가 설계
한 루첼라이 예배당과 조반니 루첼라이의 석관을 보관하기 위해 제
작한 예배당Tempietto del Santo Sepolcro은 지금도 보존되어 있다.

토르나부오니 거리 풍경.

⑫ 산 판크라초 광장에서 스파다 거리Via della Spada로 우회전한다. 길 끝
  자락에서 토르나부오니 거리Via de' Tornabuoni로 우회전하면 우아한 거
  리에 명품점이 늘어섰다. 이 거리 64번지에 자리 잡은 와인 바 프로카
  치Procacci는 문을 연 지 100년이나 되었으며, 맛있는 송로버섯 파니니
  를 판매한다.

  토르나부오니 거리를 장악하고 있는 웅장한 건물은 1489년 필리포
  스트로치Fillipo Strozzi가 자신의 거처로 사용하려고 지은 팔라초 스트
  로치Palazzo Strozzi이다. 필리포의 아들은 부친이 이토록 웅장한 저택을
  설계할 때 어떻게 메디치가의 허락을 받았는지를 자랑스럽게 기록했
  다. 기록에 따르면 필리포는 베네데토 다 마리아노Benedetto da Mariano 와
  함께 저택을 설계한 뒤 '로렌초 데메디치의 흠잡을 데 없는 취향을 고
  려했다'고 설명함으로써 허락을 구했다고 한다. 이는 지배 가문보다
  더 장엄한 저택을 지으면서도 그들의 비위를 거스르지 않기 위한 방
  편이었다.

❸ 이 코스의 대미를 장식할 산타 트리니타 대성당Basilica di Santa Trinita은 토르나부오니 거리 끝에 있다. 이 성당에서는 기를란다요의 프레스코화를 꼭 봐야 한다. 근사한 사세티 예배당Cappella Sassetti에 있는 이 작품은 성 프란체스코의 삶을 그린 것인데, 머나먼 성경 이야기라기보다는 15세기 르네상스 시대의 역사 기록 같다. 예를 들면, 교황 호노리우스 3세Pope Honorius III, 1148~1227가 성 프란체스코에게 임무를 내리는 장면은 당시 로마제국을 배경으로 했으며, 피렌체에서 영향력을 행사하던 귀족들이 주변 인물로 그림 곳곳에 등장한다. 오른쪽에 검은 머리를 한 멋진 인물은 악덕하기로 소문났던 로렌초 데메디치 Lorenzo de' Medici, 1449~1492다. 예배당을 의뢰한 프란체스코 사세티Francesco Sassetti, 1421~1490도 기품 있게 등장한다. 이처럼 피렌체의 귀족들은 예술 활동을 후원하면서 성서 내용을 묘사한 그림에 자기 얼굴 그려 넣기를 즐겼다. 자신의 모습이 담긴 성화 앞에서 기도하는 피렌체 시민들에게 무한한 권력을 뽐내고 싶었던 그들의 속마음이 엿보인다.

산타 크로체: 유령과 함께 걷다

피렌체의 유령들은 산타 크로체 주변을 배회한다. 산타 크로체 대성당Basilica di Santa Croce에는 피렌체의 주요 인사들이 대거 잠들어 있다. 오죽하면 대성당이 '판테온Pantheon, 만신전이라는 뜻으로 고대 로마 시대 신전을 이르는 말'이라는 별명을 얻었을까. 이외에도 피렌체를 대표하는 조각가 미켈란젤로Michelangelo Buonarroti, 1475~1564에게 헌정된 카사 부오나로티Casa Buonarroti를 비롯해 로렌초 기베르티 광장Piazza Lorenzo Ghiberti, 안드레아 델 베로키오 거리Via Andrea del Verrocchio처럼 명사들의 이름을 딴 장소는 도처에 있다. 하지만 이번 코스에는 역사적인 인물들의 메아리 그 이상의 것이 담겨 있다. 특히 피렌체의 밤 문화가 활짝 피어나는 구역이라 관광객과 현지인 모두에게 인기가 많다. 다시 말해 유서 깊은 역사와 살아 있는 현지 문화를 동시에 만끽할 수 있는 곳이다.

다채로운 이번 코스는 성당 두 곳, 박물관 두 곳, 수많은 식당과 시장을 둘러보고 피렌체에서 가장 특색 있는 건축물 중 하나지만 관광객들이 그냥 지나쳐버리는 대유대교회당, 시너고그에서 마무리한다.

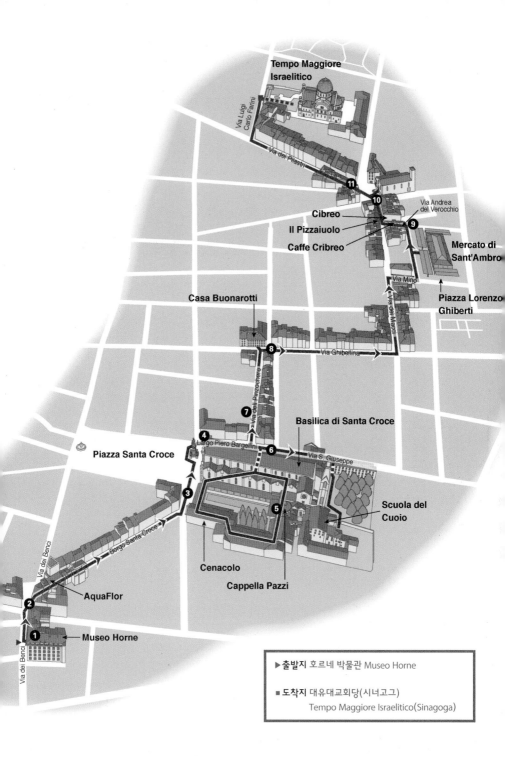

Tempo Maggiore
Israelitico

Via Luigi Carlo Farini

Via dei Pilastri

⑪

10

Cibreo
Il Pizzaiuolo
Caffe Cribreo

Via Andrea
del Verocchio

⑨

Mercato di
Sant'Ambro

Via Mino

Via dei Macci

Piazza Lorenzo
Ghiberti

Casa Buonarotti

⑧ Via Ghibellina

Via dell'Pinzochere

⑦

Basilica di Santa Croce

④ Largo Piero Bargellini

Piazza Santa Croce

⑥ Via S. Giuseppe

③

⑤

Cenacolo

Cappella Pazzi

Scuola del
Cuoio

Borgo Santa Croce

Via dei Benci

AquaFlor

②

① Museo Horne

Via dei Benci

▶출발지 호르네 박물관 Museo Horne

■ 도착지 대유대교회당(시너고그)
Tempo Maggiore Israelitico(Sinagoga)

75

산타 크로체 광장에서 바라본 산타 크로체 대성당의 파사드.

❶ 벤치 거리Via dei Benci 6번지에 있는 호르네 박물관Museo Horne은 영국
인 허버트 퍼시 호른Herbert Percy Horne, 1864~1916의 이름을 땄다. '19세
기의 르네상스인'이었던 호른은 시인이자 건축가였으며, 인쇄공이자
예술사가, 골동품 수집가였다. 그는 1889년에 피렌체를 처음 방문했
다가 피렌체로 거처를 옮겼다. 호른은 이 저택을 15세기 본래의 르네
상스 양식으로 복원하면서 수년을 보냈고, 이곳으로 이사한 뒤에는
엄청난 양의 예술품과 가구로 집을 채우기 시작했다. 그의 수집품은
고딕 양식부터 르네상스 양식까지 매우 다양하며, 보티첼리와 잠볼
로냐의 작품도 있다.

❷ 호르네 박물관에서 벤치 거리로 우회전한 다음 보르고 산타 크로체
Borgo Santa Croce로 다시 우회전한다. 곧 6번지 아쿠아 플로르Aqua Flor에
서 풍기는 감미로운 향기를 맡을 수 있다. 우아한 16세기 저택에 자리
잡은 이곳은 향수 전문점이다. 15세기 피렌체 과학자들이 식물 향기
를 추출할 때 사용한 기술을 그대로 사용해 1천500가지가 넘는 재료
로 향수를 만들어 판매한다.

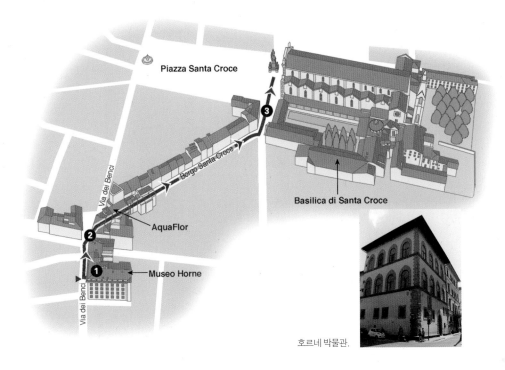

호르네 박물관.

❸ 벤치 거리의 끝자락에 산타 크로체 광장Piazza di Santa Croce이 있고, 오른쪽에 산타 크로체 대성당Basilica di Santa Croce의 19세기 신고전 양식 파사드가 보인다. 광장의 규모가 워낙 크다 보니 피렌체 사람들은 오랫동안 이곳에서 공공 행사를 수없이 개최했다. 가령, 메디치 시대에는 귀족들의 결혼식을 축하하는 농민 축제가 벌어졌다. 현재는 매년 6월에 피렌체 전통 축구 시합인 칼초 스토리코 피오렌티노Calcio Storico Fiorentino의 결승전이 열린다.

유서 깊은 광장이 낮 동안 대성당을 방문하는 관광객들로 붐빈다면, 밤에는 유흥을 즐기러 나온 현지인들로 인산인해다. 대성당의 층계참은 주변 술집에서 넘쳐 나온 손님들로 빈틈이 없을 정도다. 그 분위기에 합류하고 싶다면 6번지의 특색 있는 와인 바 돈디노Dondino와 촛불이 어우러진 멋진 만찬을 즐길 수 있는 25번지 식당 보카다마Ristorante Boccadama를 추천한다.

산타 크로체 대성당 내부.

❹ 1865년, 단테의 600번째 탄생일을 기념하기 위해 엔리코 파치Enrico
Pazzi, 1819~1899가 조각한 웅장한 단테 상을 돌아 피에로 바르겔리니 대
로Largo Piero Bargellini를 따라가자. 산타 크로체 대성당 측면에 매표소와
입구가 있다.

프란체스코회 소속 산타 크로체 대성당은 도미니크회 소속 산타 마
리아 노벨라 대성당과 경쟁하기 위해 1294년에 재건되었다. 어두컴
컴한 실내에는 수많은 기념비가 벽면을 가득 채우고 있으며, 갈릴레
오 갈릴레이, 마키아벨리, 미켈란젤로 같은 위인들의 무덤이 있는 것
으로 유명하다. 그중에서도 조르조 바사리Giorgio Vasari, 1511~1574가
1570년에 제작한 미켈란젤로의 바로크 양식 무덤은 특히 화려하고
위엄 있다. 무덤을 장식한 세 인물상은 회화, 조각, 건축을 의인화한
것이다. 한편, 갈릴레이의 무덤은 그가 죽은 지 한 세기나 지나서 제
작되었다. 갈릴레이의 지동설이 이단으로 취급받았던 탓에 교황의
분노가 가라앉기를 기다려 무덤을 제작한 것이다.

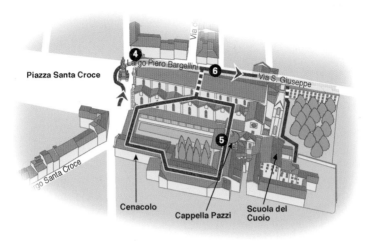

Piazza Santa Croce

Largo Piero Bargellini

Via S. Giuseppe

Cenacolo

Cappella Pazzi

Scuola del Cuoio

산타 크로체 대성당에 있는
미켈란젤로의 무덤(왼쪽)과
갈릴레이의 무덤.

프레스코화로 장식된 열여섯 개의 예배당은 풍성한 예술품으로 가득
한 미술관이나 다름없다. 조토가 설계한 바르디 예배당Cappella Bardi 이
그중에서도 가장 유명하다. 대성당 옆에는 산타 크로체 오페라 박물
관Museo dell'Opera di Santa Croce 이 있다.

❺ 거대한 산타 크로체 대성당을 둘러보는 데는 보통 한나절이 걸린다. 대성당 전체가 중요한 문화유산이지만, 특히 남쪽 회랑의 파치 예배당Cappella Pazzi이 으뜸가는 보물이다. 이 예배당은 브루넬레스키가 파치 가문의 개인 기도실로 설계했다. 1478년, 파치 가문이 지배 세력이던 메디치 가문에 대항해 음모를 꾸민 사건이 있었다. 이때 줄리아노 데메디치Giuliano de' Medici, 1453~1478는 살해당했으나, 그의 형 로렌초는 탈출에 성공했다. 음모 사건이 정리되었을 때 파치 가문은 추방당했고, 메디치 가문은 전보다 더 강력한 권력을 거머쥐었다. 이 같은 파치 가문의 내력과 상관없이 파치 예배당은 가장 순수하게 조화와 균형을 표현한 르네상스 작품으로 주목받는다. 회색빛 사암으로 만든 아치가 완벽하게 연결된 돔 지붕은 우아한 코린트 기둥이 떠받치고 있다. 산 로렌초 대성당이 브루넬레스키와 다른 예술가들의 합작품이라면, 파치 예배당은 온전히 그의 손으로 완성된 브루넬레스키 건축의 정수라 할 만하다.

산타 크로체 대성당 내 식당, 체나콜로에는 타데오 가디Taddeo Gaddi, 1300?~1366의 근사한 작품 〈십자가에 못 박힌 예수〉와 〈최후의 만찬〉이 있다'11. 체나콜로 순례길' 190쪽 참고.

❻ 대성당에서 나와 피에로 바르겔리니 대로를 따라가면 산 주세페 거리Via San Giuseppe와 만난다. 5번지에 대성당 뒤편과 붙어 있는 가죽 세공 학교 스쿠올라 델 쿠오이오Scuola del Cuoio의 입구가 있다. 이곳은 1950년, 프란체스코회 수도사들이 제2차 세계대전으로 고아가 된 청소년들에게 일자리를 제공할 목적으로 설립했다. 학교 내부를 둘러보며 수습생들이 작업하는 모습과 그들이 직접 만든 최고급 가죽 제품을 구경할 수 있다.

브루넬레스키가 설계한 파치 예배당의 외부(위)와 실내 모습.

카사 부오나로티의 갤러리 천장화와 내부 모습.

❼ 스쿠올라 델 쿠오이오 밖에서 좌회전하여 산 주세페 거리를 되짚어 올라가다가 세 번째 골목 핀초케레 거리Via dell Pinzochere에서 우회전한다. 직진하면 기벨리나 거리Via Ghibellina와 만나고 70번지에 부오나로티 가문의 유서 깊은 저택 카사 부오나로티Casa Buonarroti가 있다. 피렌체가 낳은 세계적인 예술가 미켈란젤로 부오나로티는 당시 가장 이례적인 예술가이기도 했다. 균형과 절제를 강조하는 피렌체의 예술 경향 속에서 미켈란젤로의 화려한 바로크 양식은 단연 두각을 나타낸다. 미켈란젤로는 인생 대부분을 로마에서 압제적인 교황들이 주문한 화려하고 오만한 프로젝트를 수행하며 보냈다. 어쩌면 르네상스가 대세였던 피렌체의 분위기가 자신이 추구하는 바로크 양식과 맞지 않았기 때문이었는지 모른다.

카사 부오나로티는 피렌체에서 보기 드문 바로크 양식 저택으로, 금박을 입힌 치장 벽토 세공과 역동적인 유화들로 가득하다. 거장 미켈란젤로의 부조 작품으로 도나텔로에게 헌정한 〈스칼라의 성모 마리아〉가 있으며, 그 외에도 부오나로티 가문이 수집한 수많은 작품을 만날 수 있다.

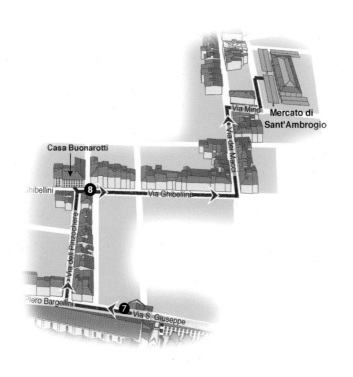

❽ 카사 부오나로티에서 나와 좌회전하여 기벨리나 거리를 따라가다 마
치 거리Via dei Macci에서 좌회전한다. 65번지 레오나르도Leonardo에서
이탈리아식 수제 쿠키 비스코티Biscotti를 맛볼 수 있다. 두 블록 더 가
서 미노 거리Via Mino로 우회전하면 로렌초 기베르티 광장Piazza Lorenzo
Ghiberti이 나온다. 이곳의 산탐브로조 시장Mercato Sant'Ambrogio은 매일
아침 7시부터 오후 2시까지 연다. 중앙 시장보다 규모는 작지만 현지
특색은 더욱 강하다. 개성 없는 옷가게를 지나 시장 안으로 들어서면
셀 수 없이 많은 상점에서 온갖 물건을 판매한다. 신선한 치즈, 육류,
채소, 가공식품은 물론 현지인과 나란히 목을 축이거나 점심을 먹기
좋은 작은 식당들도 많다.

산탐브로조 성당의 소박한 파사드.

❾ 광장 모퉁이에서 안드레아 델 베로키오 거리Via Andrea del Verocchio로 내
려간다. 33번지에 아름다운 원단 가게 리사 코르티Lisa Corti가 있다. 여
기서부터 치브레오Cibrèo 구역이다. 왼편 5번지에 호두나무로 마감
한 아늑한 실내를 빈티지 그림으로 장식한 치브레오 카페Cibrèo Caffe
가 있다. 마치 거리Via dei Macci로 내려가면 113번지에 유명한 피자 전
문점 일 피자이우올로Il Pizzaiuolo가 있고, 오른쪽 122번지에는 보다 저
렴한 값에 흥미로운 요리를 맛볼 수 있는 치브레오 트라토리아Cibrèo
Trattoria가 있다. 피렌체에 머무는 동안 이 두 식당 중 하나는 꼭 가볼
만한데, 특히 치브레오 트라토리아가 매우 인기 있다. 이 식당의 '오
늘의 메뉴'는 당일 아침 주방장이 산탐브로조 시장에서 무엇에 끌렸
느냐에 따라 달라진다고 한다.

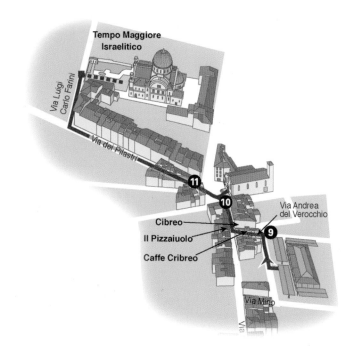

❿ 마치 거리를 따라가면 산탐브로조 광장Piazza Sant'Ambrogio이 나오고 오른편에 산탐브로조 성당Chiesa di Sant'Ambrogio이 있다. 기록에 따르면 393년에 성 암브로시우스Saint Ambrose가 이곳에 머물렀으며, 성당은 998년에 처음 지어졌다. 그 뒤 오랫동안 평범한 지역 교구 성당이었는데, 1230년에 한 성직자가 이곳에서 와인 대신 피 얼룩이 묻은 성배를 발견했다. 이 기적 같은 사건 이후 성당은 순례지가 되었고, 검소한 실내의 아름다운 예술 작품들도 재평가받기 시작했다. 마사초, 필리포 리피, 보티첼리의 작품이 유명하다.

⓫ 광장을 가로질러 필라스트리 거리Via dei Pilastri로 향한다. 32번지에 빈티지 옷 가게 레이디 제인 비Lady Jane B.가 있다. 루이지 카를로 파리니 거리Via Luigi Carlo Farini로 우회전하면 오른쪽 2번지에 팔라펠과 후무스, 구운 채소 등을 맛볼 수 있는 유대인 식당 루스Ruth's가 있다. 좀 더 가면 6번지에 대유대교회당Tempo Maggiore Israelitico이 이국적인 정원 가운데 작은 타지마할처럼 솟아 있다. 시너고그라고도 부르는 이 대유대교회당은 19세기에 지어졌으며, 동방 예술의 수려함을 자랑한다. 마법 같은 분위기를 풍기는 실내 장식들은 매혹적인 붉은색과 푸른색으로 하나하나 손으로 그려졌으며, 동판을 씌운 빛나는 돔은 환상적으로 아름답다. 시너고그 박물관에는 피렌체 유대인 공동체와 시너고그의 역사가 잘 정리되어 있다. 나치 점령 기간에 창고로 쓰이던 시너고그를 나치가 퇴각하면서 훼손한 흔적이나 나치가 휘두른 총검의 상흔이 여전히 남아 있는 '성스러운 아치'의 문 등을 볼 수 있다.

19세기에 지은 대유대교회당.

산 마르코: 성스러운 공간

산 마르코 주변은 혼잡한 광장과 맞닿아 있음에도 불구하고 교외에 나온 것처럼 유난히 한적하다. 더구나 이 지역은 대부분의 버스 노선이 출발하는 교통 중심지다. 주요 대학이 있는 대학가로도 유명한데, 아마 이 지역을 지배하는 지적인 고요함은 바로 여기서 유래했을 것이다.

이 코스에서 만나는 산 마르코 대성당Basilica di San Marco, 체나콜로 디 산타폴로니아Cenacolo di Sant'Apollonia, 스칼초 수도원 Chiostro dello Scalzo, 산티시마 아눈치아타 대성당Basilica Santissima Annunziata의 숭고한 예술 작품들은 강건한 무신론자도 감동할 만큼 강렬하다. 그렇다고 이번 코스가 종교 예술만 소개하는 일정은 아니다. 16세기에 지어진 열대 정원인 셈플리치 정원Giardino dei Semplici, 피렌체에서 최초로 특정 목적을 위해 설계된 르네상스 광장 중 하나인 산티시마 아눈치아타 광장 Piazza della Santissima Annunziata과 고아들을 위해 지은 인노첸티 병원Ospedale degli Innocenti, 미켈란젤로의 상징과도 같은 다비드상이 있는 아카데미아 미술관도 둘러본다. 물리적 거리만 보자면 비교적 짧지만, 볼거리로 따지자면 꽤 긴 코스다. 따라서 수도원이 문을 여는 아침 일찍 출발하여 아카데미아 미술관에서 느긋한 오후를 보낼 것을 권한다. 그리고 가능하면 스칼초 수도원을 대중에게 개방하는 월요일이나 목요일로 일정을 잡는 것이 이상적이다.

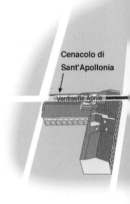

Cenacolo di
Sant'Apollonia

Ventisette Aprile

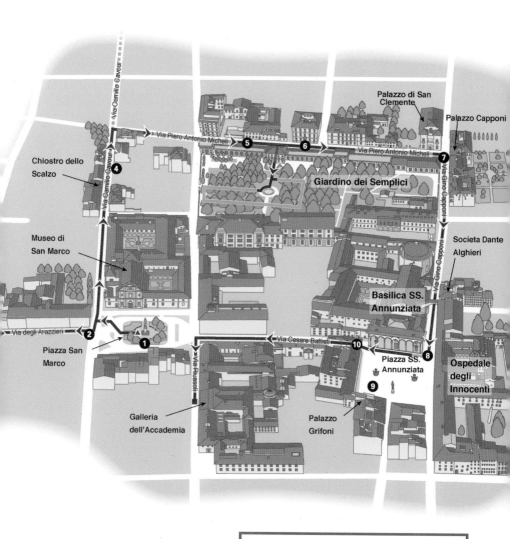

Palazzo di San Clemente

Palazzo Capponi

Via Piero Antonio Micheli ⑤ ⑥

Via Camillo Cavour

Via Piero Antonio Micheli ⑦

Via Gino Capponi

Chiostro dello Scalzo ④

Giardino dei Semplici

Museo di San Marco

Societa Dante Alghieri

Basilica SS. Annunziata

Via degli Arazzieri ②

Piazza San Marco

① ▲

Via Cesare Battisti ⑩

Piazza SS. Annunziata ⑧

Ospedale degli Innocenti

Via Ricasoli

⑨

Galleria dell'Accademia

Palazzo Grifoni

▶ 출발지 산 마르코 광장 Piazza San Marco

■ 도착지 아카데미아 미술관 Galleria dell'Accademia

산 마르코 대성당의 파사드와 만프레도 판티 장군의 동상.

❶ 이 여정은 이탈리아의 통일 영웅 만프레도 판티Manfredo Fanti 장군의
동상이 있는 산 마르코 광장Piazza San Marco에서 출발한다. 광장의 분위
기는 산 마르코 대성당Basilica di San Marco의 18세기 신고전 양식 파사드
가 장악하고 있다. 성당 건물은 12세기에 베네딕트회에 속하는 발롬
브로사Vallombrosian 수도원으로 처음 지어졌는데, 1437년에 메디치 가
문의 수장 코시모 일 베키오가 수도원을 도미니크회에 넘겨주었다.
그와 동시에 메디치 가문이 총애하던 건축가 미켈로초에게 대성당을
재건축하도록 위임했다.

오늘날 대성당은 누구에게나 무료로 개방되어 있지만, 진짜 보물을
보려면 입장료를 내고 산 마르코 박물관Museo di San Marco에 들어가야
한다. 박물관은 수녀원 안에 있으며 평일에는 오전 8시 15분부터 오
후 1시 50분까지, 주말에는 오전 8시 15분부터 오후 4시 50분까지 개
방한다. 산 마르코 박물관의 대표 소장품은 15세기의 수도사 프라 안
젤리코Fra Angelico가 그린 천상의 프레스코화다. 생전에 '축복받은 천
사 같은 사람'이라는 뜻의 베아토 안젤리코Beato Angelico로 알려졌던

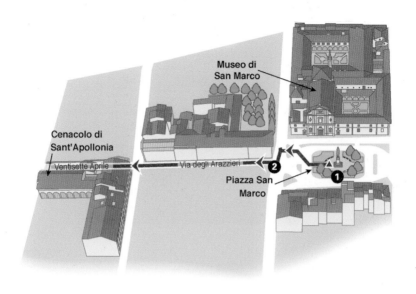

산 마르코 박물관에 있는 프라 안젤리코의
프레스코화 〈성모 마리아의 대관식〉(왼쪽)과
〈놀리 메 탄게레(Noli Me Tangere)〉. '놀리
메 탄게레'는 '나를 만지지 말라'는 뜻으로,
막달레나가 부활한 예수를 알아보고 반가운
마음에 안으려 하자 예수가 한 말이다.

그는 매우 신앙심이 깊어서 〈십자가에 못 박힌 예수〉를 그리는 내내
흐느껴 울었다고 한다. 대성당 안에는 수도원 출신 저명인사들의 방
이 있다. 그중에는 코시모 일 베키오의 후원에 감사하는 뜻으로 만든
기도실도 있다. 일각에는 코시모가 자신의 업적을 홍보하기 위한 수
단으로 주문했다는 설이 있다.

체나콜로 디 산타폴로니아.

1494~1498년, 산 마르코 대성당은 잠시 피렌체를 통치했던 사보나롤라의 요새가 되기도 했다. 메디치가의 전제에 반대하고 신권 정치를 단행한 사보나롤라는 피렌체 사람들을 선동해 세속적인 소유물을 허영의 불꽃에 태워버리도록 이끌었다. 하지만 그도 결국 시뇨리아 광장에서 불꽃 속의 재로 사라지고 말았다. 태생적인 무신론자의 도시 피렌체에서 사보나롤라의 종교적 금욕주의는 딱 그만큼만 허용될 수 있었다.

❷ 대성당을 마주 보고 왼쪽 아라치에리 거리Via degli Arazzieri로 내려가자. 벤티세테 아프릴레 거리Via Ventisette Aprile 왼편 1번지에 체나콜로 디 산타폴로니아Cenacolo di Sant'Apollonia가 있다. 1339년에 창립된 베네딕트회 수녀원으로 관광객들에게는 잘 알려지지 않은 명소다. 이곳에 15세기의 대가 안드레아 델 카스타뇨Andrea del Castagno, 1423~1457가 그린 독보적인 〈최후의 만찬〉이 있다. 이 그림은 1445~1450년에 완성된 후 수 세기 동안 수녀들만 볼 수 있었는데, 1866년 수녀원이 탄압

당하면서 대중 앞에 공개되었다. 오랫동안 일반에 공개하지 않은 덕
분인지 작품의 보존 상태가 매우 좋다.

최후의 만찬을 묘사한 초기 그림이 그렇듯 카스타뇨 역시 사도들을
식탁 한쪽에 줄지어 배치하고, 병색이 완연한 유다만 식탁 맞은편에
앉혔다. 검은 머리와 매부리코도 전형적인 유다의 특징이다. 인물들
이 자리한 방은 르네상스 화법에 따라 원근법을 훌륭하게 살렸다. 예
수 뒤로 보이는 그림은 배신자 유다를 벌하기 위해 하늘에서 내려친
번개라고 한다. 체나콜로 디 산타폴로니아는 매일 오전 8시 15분부터
오후 1시 50분까지 개방한다.

스칼초 수도원 입구의 장식(왼쪽)과 수도원 내부에 있는 안드레아 델 사르토의 흉상.

❸ 산 마르코 광장으로 되돌아와 북쪽 카밀로 카보우르 거리Via Camillo Ca-
vour로 올라간다. 왼편 69번지에 스칼초 수도원Chiostro dello Scalzo의 소
박한 파사드가 보인다. 원래는 세례 요한의 형제단이 사용하던 곳으
로 '맨발의 수도원'이라는 별명으로 불렸다. 세례 요한의 자발적인 빈
곤 서약에 따라 수도사들이 맨발로 생활했기 때문이다.

아담한 안마당은 16세기에 '실수 한 점 없는 예술가'로 유명했던 안
드레아 델 사르토Andrea del Sarto, 1486~1530의 매우 독특한 프레스코화로
장식되었다. 사르토는 이 그림을 1511년경에 그리기 시작하여 1526
년에 완성했다. 회색 하나만 사용해 세례 요한의 생애를 그린 이 프레
스코화는 산 살비 성당에 있는 〈최후의 만찬〉과 함께 사르토의 최고
걸작으로 손꼽힌다. 이 작품은 매너리즘의 발달에도 큰 영향을 끼쳤
다. 스칼초 수도원은 매주 월요일과 목요일, 홀수 번째 토요일에 오전
8시 15분부터 오후 1시 50분까지 개방한다.

❹ 카밀로 카보우르 거리를 계속 따라가면 교통이 혼잡한 리베르타 광
장Piazza della Liberta이 나오는데, 피렌체 역사에서 매우 흥미로운 장소

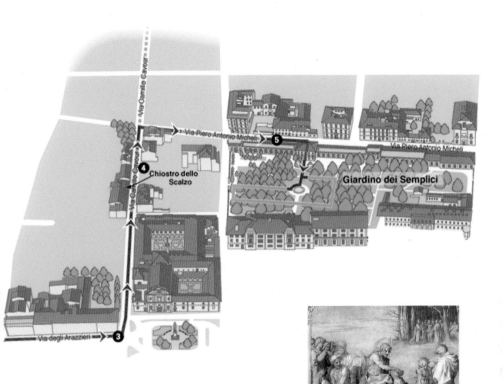

안드레아 델 사르토의 1517년 작품 〈세례〉.

다. 광장 중앙에 있는 로레나 개선문Arco de Trionfo de los Lorena은 후계자 없이 사망한 메디치가의 마지막 군주 잔 가스토네 데메디치Gian Gastone de Medici, 1671~1737를 대신하여 피렌체를 통치하러 온 합스부르크 로렌 왕가를 환영하기 위해 1737년에 세운 것이다. 피렌체 구시가의 가장 북단에 있는 리베르타 광장은 1875년에 피렌체를 근대화하려는 시도로 피렌체 구시가의 외곽 성벽을 따라 파리식으로 건설한 순

환도로 여섯 곳 가운데 하나다. 그러나 르네상스 뿌리에 충직한 피렌체 시민들은 이 광장을 물리적으로나 상징적으로나 도시의 외곽으로 밀어내버렸다.

❺ 리베르타 광장을 둘러보고 왔던 길을 돌아와 피에로 안토니오 미켈리 거리Via Piero Antonio Micheli로 좌회전한다. 길을 따라가다 보면 산 마르코 주택가 중간에 자리 잡은 셈플리치 정원Giardino dei Semplici이 있다. 입구는 피에로 안토니오 미켈리 거리 3번지에 있다. 코시모 1세 Cosimo I de' Medici, 1519~1574는 1545년에 도미니크회 수녀들에게서 이 땅을 빼앗아 이국적인 식물을 재배하고 연구했다. 이곳에서 향수, 의약품, 독약 등을 만들기 위해 에센스 오일을 추출했는데, 독약은 메디치 가문이 애용하던 암살 방법이었다고 한다. 오늘날은 식충식물로 가득한 온실과 고전적인 이탈리아식 정원, 일본식 정원을 갖춘 다채로운 휴식처가 되었다.

리베르타 광장 중앙에 있는 로레나 개선문(위)과 셈플리치 정원의 온실.

팔라초 지노 카포니.

❻ 정원에서 나와 우회전하여 피에로 안토니오 미켈리 거리를 따라 계
속 내려간다. 왼편 2번지에 게라르도 실바니Gherardo Silvani, 1579~1675가
17세기에 설계한 팔라초 디 산 클레멘테Palazzo di San Clemente가 있다.
산티 미켈레 에 가에타노 성당Chiesa dei Santi Michele e Gaetano과 팔라초 코
르시니도 실바니의 작품이다. 실바니는 당시 로마를 주름잡던 화려
한 바로크 양식을 거부하고, 토스카나 지역의 매너리즘 양식을 받아
들였다. 피렌체 시민들의 천부적인 르네상스적 성향 때문에 팔라초
디 산 클레멘테는 이 지역에서 그나마 바로크 양식에 가장 가까운 건
축물이다. 지금은 피렌체 건축대학이 들어섰다.

❼ 지노 카포니 거리Via Gino Capponi로 우회전하여 왼쪽 26번지 팔라초 지
노 카포니Palazzo Gino Capponi를 지난다. 유감스럽게도 이 저택은 대중
에게 공개되지 않지만, 통로를 통해 아름다운 정원을 흘깃거릴 수 있
다. 이 거리의 낡은 주택가에는 여러 대학 건물이 들어섰다. 가령 7번
지에 지리학부, 고고학부, 예술사학부의 오래된 정원이 있다. 4번지

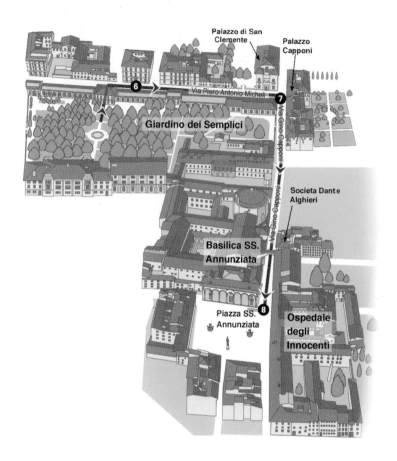

단테 학회Societa Dante Alighieri에서는 이탈리아어를 가르치는데, 전 세
계에 이탈리아어를 알리는 가장 오래된 학회 중 하나다. 이곳의 좁은
회랑은 성 베드로의 일생을 담은 프레스코화 때문에 '성 베드로 회랑'
으로 불린다.

산티시마 아눈치아타 대성당 내부.

❽ 지노 카포니 거리를 따라가면 유서 깊고 평온한 산티시마 아눈치아
타 광장Piazza della Santissima Annunziata이 나온다. 이곳의 산티시마 아눈치
아타 대성당Basilica della Santissima Annunziata은 1252년에 일어난 기적으로
유명해졌다. 이야기는 한 수도사가 〈성 수태고지〉를 그리다가 성모
마리아의 진정한 아름다움을 묘사하는 데 좌절하여 그림을 포기한
사건에서 시작된다. 그런데 다음 날 일어나 보니 그림이 천사의 손으
로 완성되어 있었다고 한다. 이 일이 알려진 후 전 세계에서 순례자들
이 몰려들었고, 1444년 미켈로초가 성당을 완전히 재설계하기에 이
르렀다. 17세기에 안드레아 델 사르토와 폰토르모의 작품을 입수하
면서 바로크 양식을 가미한 현재의 규모와 화려함을 갖추게 되었다.
15세기에 성당의 명성이 높아지면서 동명의 광장이 탄생했는데, 산
티시마 아눈치아타 광장은 르네상스 시대에 특별한 목적을 갖고 설
계한 최초의 광장이다. 1419년 브루넬레스키가 설계한 인노첸티 병
원Ospedale degli Innocenti을 지으며 광장이 건설되기 시작했다. 아홉 개의
반원형 아치로 이루어진 우아한 로지아는 브루넬레스키가 추구하는

산티시마 아눈치아타 광장에 있는 인노첸티 병원과 페르디난도 1세 기마상.

이상적인 비례와 조화미를 잘 보여준다. 푸른색과 흰색으로 제작한 원형 테라코타 장식은 안드레아 델라 로비아Andrea della Robbia의 작품으로, 포대기로 감싼 아기를 묘사했다. 이는 피렌체에 버려진 아이들을 돌보던 이 병원의 역사를 잘 보여준다.

로지아의 북쪽 끝에는 프레스코화가 두 점 있는데, 그림 속의 두루마리에는 '내 부모는 나를 버렸으나, 하느님이 나를 거두셨다.'시편 27:10라고 적혀 있다. 그 아래에는 작은 창문이 하나 있다. 철창 사이로 아기 한 명이 겨우 통과할 정도의 크기다. 피렌체에서는 1875년까지 아이를 키울 상황이 안 되는 사람들이 이 창문을 통해 병원에 아기를 버렸다. 병원 안에는 아기들이 버려질 당시의 기록과 소지품 등을 보관하고 그들의 감동적인 이야기를 전해주는 박물관이 있으며, 보티첼리와 기를란다요의 작품도 볼 수 있다.

아카데미아 미술관에 있는 미켈란젤로의 다비드상.

❾ 산티시마 아눈치아타 대성당 맞은 편의 팔라초 그리포니Palazzo Grifoni
는 토스카나의 매너리즘 예술가 바르톨로메오 암마나티Bartolomeo Am-
manati, 1511~1592가 설계하고, 베르나르도 부온탈렌티Bernardo Buontalenti,
1536~1608가 완성했다. 저택 꼭대기 오른쪽 창문은 항상 열려 있는데,
이에 대한 전설이 많이 전해 내려온다. 그중 가장 오래된 것은 16세기
에 전쟁에 나간 남편이 돌아오기를 이 창가에서 죽을 때까지 기다렸
다는 아내에 관한 이야기다. 그녀가 죽은 후 가족이 창문을 닫으려 할
때마다 온갖 소리와 방해가 잇따랐다고 한다.
산티시마 아눈치아타 광장 중앙에는 잠볼로냐가 제작한 메디치 가문
의 페르디난도 1세 기마상이 있다. 대포를 녹여서 만든 청동상이며,
기단부의 벌 떼는 페르디난도의 통치력과 그의 열성적인 추종자들을
상징한다.

❿ 산티시마 아눈치아타 대성당 모퉁이에서 체사레 바티스티 거리Via
Cesare Battisti를 따라 산 마르코 광장으로 돌아온다. 바로 좌회전하여 리
카솔리 거리Via Ricasoli로 내려가면 아카데미아 미술관Galleria dell'Acca-

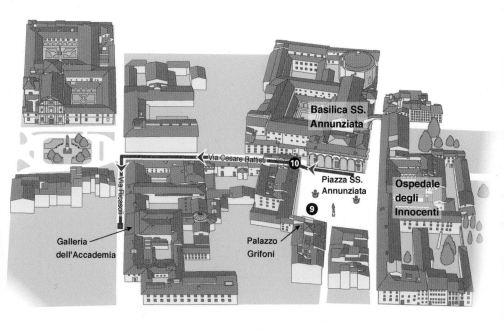

demia이 좌측 58~60번지에 걸쳐 있다. 미술관 앞에 길게 늘어선 줄은 미켈란젤로의 다비드상 때문이다. 다비드상이 피렌체에서 가장 상징적인 예술품이 된 것은 우연이 아니다. 막강한 골리앗을 무찌른 다비드는 작지만 강하며, 지적이고 아름다운 피렌체의 강렬한 상징이었다. 다비드상은 완벽한 육체의 표본으로 여겨지지만, 사실 그 머리 부분은 뛰어난 두뇌를 상징하기 위해 비례에 맞지 않게 크게 제작되었다. 미켈란젤로는 다비드상을 조각할 때 동시대 예술가 잠볼로냐가 작업하다 만 '훼손된' 대리석을 가져다 썼다. 다비드상의 완벽함은 그래서 더욱 진가를 발휘한다.

다비드상이 아카데미아 미술관에서 가장 유명하고 피렌체의 자랑거리인 것은 사실이지만, 아카데미아 미술관에는 미켈란젤로가 미완성으로 남긴 네 점의 〈노예〉와 보티첼리의 〈성모 마리아〉 두 점 등 다른 훌륭한 대작도 많다. 사실상 모든 작품을 제대로 감상하려면 오후 한나절로는 부족하다.

산티시마 아눈치아타 대성당의 안마당

올트라르노:
현지인처럼

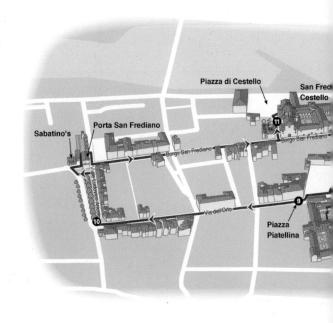

'**아**르노강 너머'를 뜻하는 올트라르노는 피렌체에서 가장 끌리는 장소로 기억될지도 모른다. 우피치 미술관이나 아카데미아 미술관 같은 관광 명소는 없지만, 올트라르노의 거리를 걷다 보면 두오모 광장의 관광 인파에 묻혀 느낄 수 없었던 피렌체의 생생한 문화에 더 가까이 다가갈 수 있다. 1966년의 끔찍한 대홍수는 말할 것도 없고 고급 주택화의 위협 속에서도 아랑곳없이 수많은 수공예 장인들이 이 구역에 살아남아 번영했다. 그들은 15세기 피렌체의 가장 큰 고객이었던 메디치 가문이 팔라초 피티로 이주하면서 이곳에 자리를 잡았다. 이 코스는 눈을 크게 뜨고 구석구석 구경해야 한다. 언뜻 봐서 문을 닫은 것처럼 보이더라도 과감하게 문을 두드려보자. 수 세기 동안 이곳을 지키고 있는 수공예 장인들은 요란한 광고보다 보이지 않는 입소문을 더 좋아한다.

이외에도 이번 코스는 산토 스피리토 대성당Basilica di Santo Spirito과 산

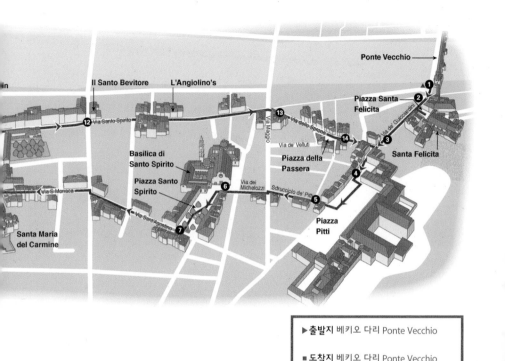

▶ 출발지 베키오 다리 Ponte Vecchio

■ 도착지 베키오 다리 Ponte Vecchio

프레디아노 인 체스텔로 성당Chiesa di San Frediano in Cestello 주변도 소개
한다. 동시에 피렌체 최고의 식당을 몇 군데 지나는 맛집 여행이기도
하다. 무료로 입장할 수 있는 성당들도 적당히 포진해 있으며, 세계적
으로 유명한 마사초의 대작을 품은 브란카치 예배당Cappella Brancacci 도
있다. 올트라르노 지역은 보헤미안들이 모여 사는 곳으로도 유명하
며, 최신 유행을 반영한 세련된 술집도 많다'7. 저녁 마실' 코스에서 완전히 경
험하게 될 것이다. 이 코스의 성당과 전통 수공예품점은 대부분 12시 30
분부터 3시 30분까지 시에스타를 위해 문을 닫는다. 따라서 오전이나
오후 늦게, 특히 성당과 상점들이 모두 문을 여는 3시 30분과 5시 30
분 사이에 일정을 잡으면 좋다.

피렌체에서 가장 오래된 다리 '폰테 베키오'.

❶ 이 코스는 베키오 다리Ponte Vecchio의 남단에서 출발한다. 베키오 다리
는 피렌체에서 가장 오래된 다리로, 로마제국이 건설한 다리가 홍수
에 무너진 뒤 1345년에 재건되었다. 역사상 온갖 종류의 행상인들이
다리 위에서 영업했는데, 1593년에 메디치가의 페르디난도 1세가 장
터의 냄새, 특히 푸줏간의 악취가 싫어서 '다리 위에서는 금세공인만
장사를 허락한다'는 법령을 선포했다. 그때 이후로 베키오 다리는 금
세공인의 거점이 되었고 오늘날까지 전통으로 남아 있다. 다리 위를
연결하는 바사리아노 통로Corridoio Vasariano는 코시모 1세가 팔라초 베
키오와 자신의 거처인 팔라초 피티를 오갈 때 시끌벅적한 대중을 피
하려고 고안한 것으로 1565년에 지어졌다.

❷ 구이차르디니 거리Via de' Guicciardini를 따라 내려가다 산타 펠리치타 광
장Piazza Santa Felicita으로 좌회전하면, 산타 펠리치타 대성당Chiesa di Santa
Felicita이 정면에 있다. 바사리아노 통로는 대성당의 정문 윗부분까지
이어지므로 메디치가는 발아래 군중에게 모습을 보이지 않고 미사에

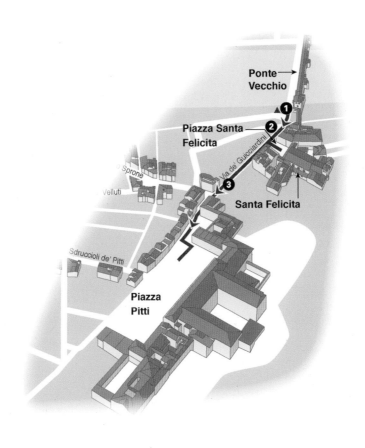

산타 펠리치타 대성당의 실내.

자코포 폰토르모의 〈십자가 강하〉(왼쪽)와 〈수태고지〉.

참석할 수 있었다. 산타 펠리치타 대성당은 산 로렌초 대성당 다음으로 피렌체에서 가장 오래된 성당이다. 그 역사는 피렌체에 기독교를 처음 들여온 것으로 추측되는 시리아 출신 그리스 상인들이 성당을 건설한 2세기까지 거슬러 올라간다.

대성당 최고의 명작은 이론의 여지없이 500년간 자리를 지켜온 자코포 폰토르모Jacopo Pontormo, 1494~1557의 〈십자가 강하〉이다. 16세기 매너리즘 양식으로 제작된 이 작품에서 폰토르모는 구성상의 균형과 르네상스의 신중한 사실주의를 과감하게 깨뜨렸다. 그 대신 과장되고 왜곡된 표현으로 감정적 효과를 극대화했다. 그림 앞부분에는 인물들이 불편하게 뒤엉켜 있고, 그들의 얼굴은 병색이 완연하다. 반면 십자가에서 내려진 죽은 그리스도는 과장되게 무거워 보이고, 그 뒤로는 두 인물이 비탄에 빠져 있다. 이 작품에서 풍기는 참혹함을 보상하려는 듯 폰토르모는 예배당 옆에 기막히게 아름다운 〈수태고지〉를 그려 넣었다.

피티 광장과 웅장하고 화려한 팔라초 피티.

❸ 구이차르디니 거리를 계속 따라가면 피티 광장Piazza Pitti이 나온다. 웅장한 팔라초 피티Palazzo Pitti는 원래 피렌체의 은행가 루카 피티Luca Pitti, 1398~1472를 위해 지은 저택이다. 팔라초 피티의 규모와 화려함은 피렌체의 다른 모든 저택을 능가한다. 이 때문에 피렌체에서 가장 막 강한 권력을 누렸던 메디치가는 이 저택을 사들일 수밖에 없었다. 지 금은 팔라티나 미술관Galleria Palatina이 있으며, 500점이 넘는 뛰어난 그림과 도자기, 은 식기, 의상 등을 전시한다. 피렌체 카드를 소지한 사람은 팔라초 피티에 있는 서점에서 보볼리 정원을 포함한 통합 입 장권을 발부받아 관람하면 된다.

❹ 올트라르노의 수공예품점 투어는 팔라초 피티에서 출발한다. 오른쪽 37번지 줄리오 잔니니 에 필리오Giulio Giannini e Figlio는 1856년, 제본업과 문구점으로 이곳에 자리 잡았다. 그 당시 피렌체의 제본업과 대리석 무늬 종이는 영국 귀족들이 유럽 순회 여행을 할 때 꼭 사 가는 품목으로 인기가 높아 피렌체의 특산품으로 자리매김했다. 러시아의 위대한 작가 도스토옙스키는 그 옆집에서 1861년부터 1869년까지 머무르면서 소설《백치》를 완성했다.

23번지 피티 모사이치Pitti Mosaici는 또 다른 피렌체 특산품, '피에트레 두레pietre dure' 예술품을 전시 · 판매한다. 피에트레 두레는 다양한 색의 돌을 이용하여 그림을 만드는 피렌체 전통 기술이다.

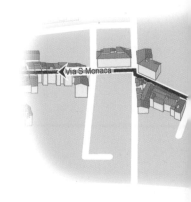

줄리오 잔니니 에 필리오의 내부 모습(왼쪽)과 라 카사 델라 스탐파의 대리석 무늬 종이.

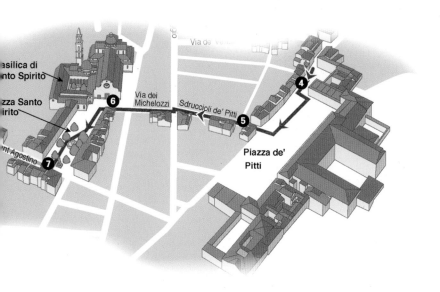

❺ 바닥에 돌이 깔린 피티 골목Sdrucciolo de'Pitti으로 우회전하면 매력적인
가게들이 많다. 특히 11번지 라 카사 델라 스탐파La Casa della Stampa에서
는 아름다운 고대 인쇄물을 판매한다. 같은 방향으로 계속 가면 미켈
로치 거리Via dei Michelozzi가 나오고, 피렌체에서 가장 싸고 맛있는 피
자 전문점 구스타피자GustaPizza가 있다. 피렌체 사람들의 평소 식사 방
식을 경험하고 싶다면, 목소리 큰 현지인들 사이에 섞여 피자를 주문
하고 광장에서 먹어보자. 곧이어 등장하는 산토 스피리토 광장Piazza
Santo Spirito은 두말할 것 없는 올트라르노의 심장이다. 평범한 시민들
부터 보헤미안풍의 이방인, 분수 주변에 몰려 있는 노숙자와 부랑자
까지 다양한 사람들을 볼 수 있다. 광장에는 카페 겸 술집들이 늘어서
있으며, 저렴한 옷가지와 신선한 식료품을 판매하는 장터도 있다.

❻ 산토 스피리토 대성당Basilica di Santo Spirito으로 들어서자. 르네상스 건축의 계율을 완벽하게 압축해놓은 실내가 인상적이다. 대성당을 설계한 브루넬레스키는 피렌체의 상징인 두오모 돔에서 보여주었듯이 이번에도 수학적인 아름다움에 광적으로 집착했다.

❼ 대성당에서 나와 광장을 가로질러 우회전한다. 산토 스피리토 광장과 산타고스티노 거리Via Sant'Agostino가 만나는 모퉁이에 피렌체에서 가장 훌륭한 뇨키 알 타르투포Gnocchi al tartufo, 송로버섯 소스를 곁들인 이탈리아식 감자 경단 요리를 맛볼 수 있는 오스테리아 산토 스피리토Osteria Santo Spirito가 있다. 산타고스티노 거리를 계속 따라가다가 교차로를 지나 같은 방향으로 산타 모나카 거리Via Santa Monaca로 내려간다. 이곳에도 들러볼 만한 곳이 많은데, 그중에 3번지 파니피초Panificio는 갓 구운 파이의 달콤한 향기가 매혹적이고, 7번지의 와인 바 비반다Vivanda는 분위기가 근사하다.

브루넬레스키가 설계한 산토 스피리토 대성당의 파사드(위)와 산토 스피리토 광장.

❽ 산타 모나카 거리Via Santa Monaca를 따라 계속 내려가면 카르미네 광장Piazza del Carmine이 나오고, 왼편에 산타 마리아 델 카르미네 성당Chiesa di Sant Maria del Carmine의 수수한 파사드가 있다. 1268년에 처음 세워졌는데 1771년 화재로 처참하게 망가진 뒤, 후기 바로크 양식으로 재건되었다. 왼쪽 익랑에 자리한 코르시니 예배당Cappella Corsini은 르네상스 양식의 균형과 질서를 중요하게 여기는 피렌체에서 보기 드문 바로크 양식 공간이다.

뭐니 뭐니 해도 이 성당의 진짜 보물은 정문 오른쪽에 있는 브란카치 예배당Cappella Brancacci이다. 이곳에 마솔리노Masolino, 1383~1447와 마사초Masaccio, 1401~1428?가 함께 작업한 프레스코화 〈성 베드로의 일생〉이 있다. 고딕 양식의 대가였던 마솔리노는 스무 살 가까운 나이 차에도 불구하고 자신보다 젊고 혁신적인

산타 마리아 델 카르미네 성당의 파사드.

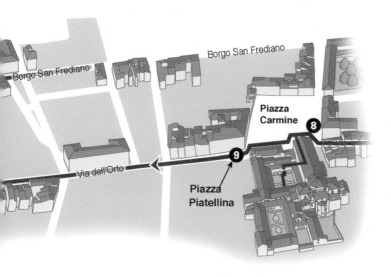

마사초 스타일에 맞추어 예배당 오른쪽 그림을 그렸다. 마사초는 여러 면에서 르네상스의 아버지라고 불릴 만한데, 회화에 원근법을 사용해 공간감을 표현해낸 첫 세대 화가다. 두 예술가가 묘사한 아담과 이브를 비교하면 스타일 차이가 확연히 드러난다. 마솔리노의 아담

브란카치 예배당.

마솔리노의 아담과 이브(왼쪽), 마사초의 아담과 이브(가운데), 브란카치 예배당의 프레스코화 상세.

과 이브는 우아하지만 어딘가 심심한 반면, 반대편 벽에 그려진 마사초의 아담과 이브는 에덴동산에서 추방당해 비통함으로 얼굴이 일그러져 있다.

브란카치 예배당을 둘러보고 밖으로 나가는 길에 알레산드로 알로리 Alessandro Allori, 1535~1607의 〈최후의 만찬〉도 놓치지 말자. 1584년에 제작된 이 그림은 피렌체의 최후의 만찬 그림 중에서도 가장 후대에 속한다.

❾ 성당에서 나오면 좌회전하여 피아텔리나 광장Piazza Piattellina으로 들어선다. 오른쪽 9번지 헤밍웨이Hemingway는 매우 진한 핫초코와 빈티지 칵테일을 자랑한다. 오르토 거리Via dell'Orto를 따라가며 주변의 평온함을 음미하자. 이 거리에는 식당이 많은데, 그중에서도 49번지 일 구스초Il Guscio가 최고다.

❿ 거리 끝에서 우회전하여 루도비코 아리오스토 길Viale Ludovico Ariosto로 들어서면 유대인 공동묘지의 벽이 나온다. 바로 맞은 편에 올트라르

노 지역에서 발견된 다섯 개의 오랜 성문 중 하나인 산 프레디아노 문 Porta di San Frediano이 있다. 성문 옆에는 1966년 홍수 때 아르노강의 수위를 기록한 대리석 판이 있다.

성문 너머 피사나 거리Via Pisana 2번지에 이탈리아식 작은 음식점 사바티노Sabatino가 안락하게 자리 잡았다. 현지인들이 '원조'임을 인정한 식당인데, 저렴한 가격과 활기찬 분위기는 좋지만, 고급스러운 맛은 기대하지 않는 것이 좋다. 여기서 보르고 산 프레디아노Borgo San Frediano로 내려가면 최신 유행을 반영한 세련된 술집과 예스러운 수공예품점들이 뒤섞여 늘어서 있다. 70번지의 스튜디오 갈레리아 로마넬리Studio Galleria Romanelli는 흉상부터 기마상까지 독특한 작품으로 가득한 조각 작업실이다. 한번 둘러볼 만하다.

⓫ 체스텔로 거리Via di Cestello로 좌회전하면 체스텔로 광장Piazza di Cestello

이 있다. 이곳의 산 프레디아노 인 체스텔로 성당Chiesa di San Frediano in

Cestello은 바로크 양식의 로마 가톨릭 성당으로, 밝고 경쾌한 푸른색과

흰색으로 꾸민 실내가 돋보인다. 다시 보르고 산 프레디아노로 돌아

와 카르미네 광장의 산타 마리아 델 카르미네 성당 파사드가 오른쪽

에 보일 때까지 계속 간다. 이웃한 산토 스피리토 광장이 먹고 마시는

파티장으로 변모한 것과 달리, 카르미네 광장은 원래의 분위기를 간

직하고 있다. 18번지 식당 카르미네Trattoria Del Carmine는 현지 음식을

맛보기 좋은 곳이다. 반면 24번지 나폴레오네Trattoria Napoleone는 피자

가 훌륭하고, 토스카나 전통 요리인 송로버섯 메뉴도 유명하다두 곳 모

두 '7. 저녁 마실' 코스에서도 추천한다.

⓬ 보르고 산 프레디아노는 산토 스피리토 거리Via di Santo Spirito로 이어지

는데, 이 거리에도 뛰어난 수공예품점이 가득하다. 32번지 마우리초

앤드 살리치Maurizio & Salici에는 매혹적인 골동품들이 빽빽이 들어차

있고, 15번지 카스토리나Castorina에서는 1895년부터 골동품 느낌이

나는 수제 목공예 제품을 판매하고 있다. 5번지 리포그리포 스탐페

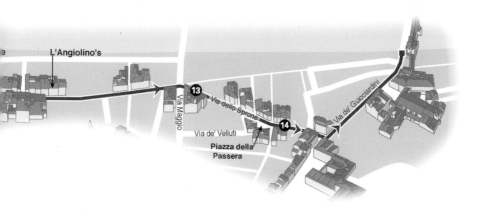

다르테L'Ippogrifo Stampe d'arte에서는 에칭 판화를 판매하는데, 주인 잔니와 두초 라파엘리는 피렌체에 남은 마지막 에칭 장인들에 속한다. 지난 500년간 그들 집안에 전해 내려온 기술을 이용해 동판 하나를 작업하는 데 보통 두 달은 걸린다고 한다.

이 구역에는 맛집도 많다. 그중에서도 64번지 일 산토 베비토레Il Santo Bevitore와 그 옆의 와인 바 일 산티노Il Santino가 유명하다. 36번지 안졸리노Ristorante Trattoria Angiolino는 핏물이 흐르는 피렌체식 스테이크를 맛보기 좋다.

산 프레디아노 인 체스텔로 성당의 오르간(왼쪽)과 리포그리포 스탐페 다르테의 에칭화.

❸ 마조 거리Via Maggio를 건너 스프로네 거리Via dello Sprone로 우회전하면 파세라 광장Piazza della Passera이 나온다. 이 작은 광장에 공식적으로 '참새 광장'이라는 이름이 붙은 것은 2005년이지만, 사람들 사이에서는 오랫동안 그렇게 불려왔다. 참새라는 이름을 얻은 유래에 대해서는 두 가지 이야기가 전한다. 하나는 동네 아이들이 이곳에서 죽어가는 참새 한 마리를 구하지 못했는데, 그 죽음이 1348년 피렌체 인구의 절반을 죽음으로 몰고 간 흑사병의 원인이 되었다는 설이다. 또 다른 이야기는 한때 이곳에 많았던 사창가에서 쓰던 속어 '참새여성의 성기를 의미한다'에서 유래했다는 설로, 이 이야기가 더 많이 받아들여지고 있다. 오늘날 파세라 광장은 이 같은 유래를 상상하기 힘들 정도로 평온하다.

이곳의 콰트로레오니4Leoni는 배를 넣은 라비올리ravioli, 고기와 치즈 등으로 속을 채운 작은 사각형 모양의 파스타로 유명한 식당이며, 젤라테리아 델라 파세라Gelateria Della Passera에서 파는 젤라토는 피렌체 최고의 아이스크림으로 인정받는다. 코코넛 아이스크림이 특히 예술이다.

❹ 스프로네 거리를 계속 따라가면 5번지에 디타 아르티자날레Ditta Artigianale가 있다. 고급 커피와 아주 맛있는 피스타치오 크림 크루아상을 맛볼 수 있는 인기 많은 카페다. 좀 더 가면 구이차르디니 거리로 돌아오고, 거기서 좌회전하면 베키오 다리가 있다.

산 프레디아노 인 제스텔로 성당(위)과 올트라르노의 골목길.

보볼리 정원: 전원 산책

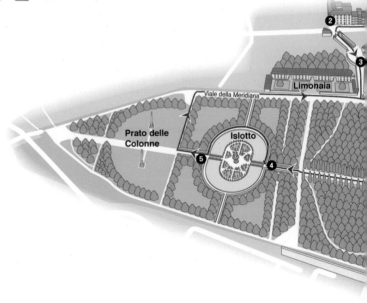

보볼리는 전형적인 이탈리아 정원이다. 1549년 메디치 가문이 대지를 매입해 일명 일 트리볼로Il Tribolo로 더 잘 알려진 건축가 니콜로 페리콜리Niccolò Pericoli, 1500~1550에게 설계를 맡겼다. 하지만 현재의 모습을 갖추는 데는 그 후 4세기가 더 걸렸으며, 일 트리볼로의 예술적 후계자들 공헌이 컸다. 귀족 전용 유희 공원이었던 보볼리 정원은 수차례 주인이 바뀌었지만, 오늘날은 여름철 뜨거운 열기를 피할 수 있는 도심 속 초록 오아시스로 대중에게 활짝 열려 있다. 이번 코스에서는 피렌체의 전형적인 성당이나 저택은 잠시 잊자. 그 대신 사이프러스와 감귤나무 수풀, 늘 푸른 잡목림과 산울타리 사이를 여유롭게 거닐며 구석구석 자리 잡은 조각상들을 감상하고, 도시락을 먹으며 소풍 기분을 내보자. 참고로 코스 중간에 카페가 없으니 물과 도시락, 간식 등을 넉넉히 준비하는 것이 좋다.

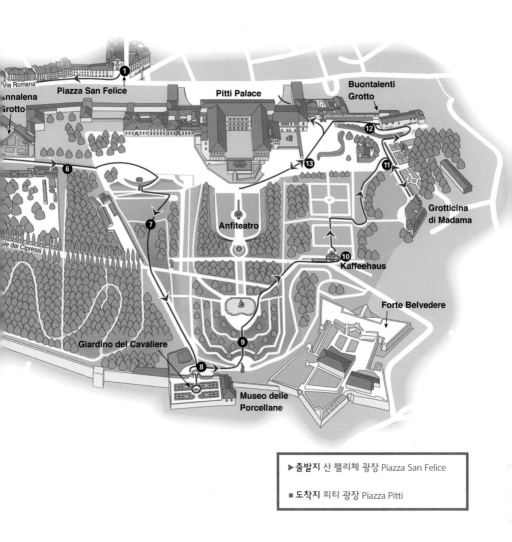

▶ 출발지 산 펠리체 광장 Piazza San Felice

■ 도착지 피티 광장 Piazza Pitti

보볼리 정원은 최근에 야외 박물관으로 선정되었다. 여러 기념비와 무수한 조각상이 어우러진 정원은 전체가 하나의 커다란 작품이다. 그러나 그 규모와 배치 때문에 몇 몇 위대한 작품들을 놓치기 쉽다. 이번 코스는 보볼리 정원의 최고 명작들은 물론 그 외의 요소들까지 놓치지 않도록 구성했다. 로마나 거리에서 안나레나 출입구를 거 쳐, 팔라초 피티와 정원 사이를 오가며 보볼리 정원의 보석들을 만나보자.

유서 깊은 무역 통로로 이어지는 로마나 문.

❶ 산 펠리체 광장Piazza San Felice에서 15세기에 미켈로초가 설계한 산 펠리체 성당Chiesa di San Felice in Piazza의 파사드를 마주 보며 출발한다. 고딕 양식의 대가 조토의 솜씨로 알려진 금박을 입힌 십자가상이 보인다. 광장 건너편에 보이는 산 펠리체 기념탑Colonna di San Felice은 코시모 1세가 마르치아노 전투의 승리를 기념하기 위해 1572년에 세운 것이다. 올트라르노에서 가장 오래되고 가장 긴 길, 로마나 거리Via Romana로 좌회전하면 로마나 문Porta Romana을 통과하는 유서 깊은 무역 통로로 이어진다. 수 세기 전에 수백 명의 고관대작, 여행객, 순례자가 로마와 피렌체 사이를 수시로 오가던 길이다. 지금은 수많은 수공예 작업실과 상점들로 가득하지만, 낡은 건물들에서 고대의 유서 깊은 내력을 짐작할 수 있다.

로마나 거리에 들어서면 곧 오른쪽 17번지의 라 스페콜라La Specola를 찾아가자. 이곳은 피렌체 전역에 흩어져 있는 자연사박물관 분관 중 가장 오래되었을 뿐 아니라 유럽에서도 가장 오래된 박물관으로, 코시모 데메디치의 소장품을 전시하던 곳이다. 과학과 역사를 좋아한

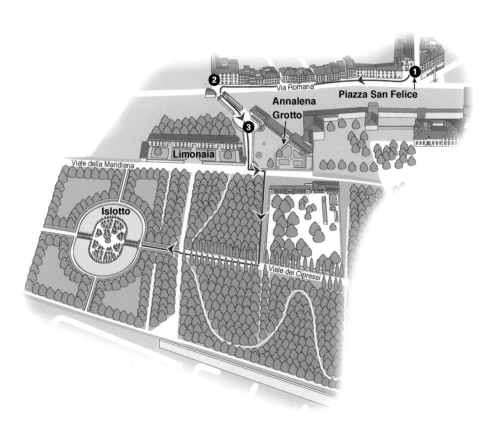

다면 꼭 들러볼 만하다. 동물학에 관련된 전시가 주를 이루며, 왁스로 만든 해부학 모형 전시실도 있다. 이 전시실 입구에는 비위가 약한 사람들을 위해 경고문을 붙여두었으니 참고한다.

❷ 로마나 거리를 반쯤 내려가면 왼편에 안나레나 출입구Annalena Entrance 가 나타난다. 참고로 도시락을 미리 준비하지 못했다면, 여기서 좀 떨어진 77번지 파니피초 라 파볼라Panificio La Favola에서 파니니 샌드위치를 살 수 있다. 안나레나 출입구는 합스부르크 로렌 왕가의 대공 레오폴도 2세Leopoldo II가 감귤을 재배하는 온실 리모나이아Limonaia에 갈 때 이용하려고 1815년에 만들었다. 오늘날은 요령 있는 현지인들이

팔라초 피티 매표소 앞에 늘어선 줄을 피하고자 찾는 통로다. 이곳에서는 보볼리 정원 입장권만 판매하므로 피렌체 카드로 입장하려면 팔라초 피티의 서점에서 통합 입장권을 발급받아야 한다.

안나레나 출입구를 지나 안마당으로 들어가면 바로 맞은편에 안나레나 그로토Annalena Grotto가 있다. 원래 그로토는 용수 주변에 생긴 작은 자연 동굴을 뜻하는데, 이탈리아에서 낭만의 상징이 되어 16세기 이후 곳곳에 인공 그로토가 만들어졌다. 1817년에 안나레나 그로토가 완성되자, 1616년 제작된 아담과 이브 조각상은 원래 있던 치프레시 길에서 이곳으로 보금자리를 옮겼다. 아담과 이브 뒤의 움푹 들어간 공간에는 고드름 같은 종유석이 달려 있고, 벽과 천장은 자개로 화려하게 장식되었다.

❸ 그로토에서 안마당을 빠져나와 언덕으로 올라간 뒤 좌회전한 다음 산울타리로 이어진 좁은 길로 바로 우회전한다. 이 길을 따라가다 아름다운 치프레시 길Viale dei Cipressi이 나오면 우회전한다. 이 산책로는 '큰길'이라는 뜻의 일 비오톨로네Il Viottolone라고도 불린다. 치프레시 길에 늘어선 사이프러스는 1612년에 대공 코시모 데메디치 2세Cosimo II de' Medici, 1590~1621가 정원 확장 공사를 시작하면서 심은 것이다. 이 길은 남쪽에 있던 미로1834년에 파괴되었다와 길 끄트머리의 아름다운 인공 섬을 연결하는 정원의 중심축이다.

인나레나 그로토에 있는 아담과 이브 조각상(위)과 사이프러스가 늘어선 치프레시 길.

❹ 치프레시 길 끝에 인공 섬 이솔로토Isolotto를 빙 둘러싼 이솔라 광장Pi-
azzale dell'Isola이 있다. 타원형의 인공 호수는 1612년 코시모 데메디치
2세의 주문으로 줄리오 파리기Giulio Parigi가 설계했다. 호수
중앙에 있는 인공 섬은 원래 메디치 가문이 특히 좋아
한 이탈리아 과일, 감귤을 재배하는 공간이었다. 지금
도 200그루에 가까운 감귤나무 화분이 있는데, 여름철
이면 섬이 비좁게 느껴질 정도로 풍성하게 자란다. 수
확한 과실은 겨울 동안 아늑한 온실에 보관한다.

섬 한가운데에는 17세기에 잠볼로냐가 제작한 바다의 분수Fontana dell'
Oceano가 있다. 근육질 몸매를 자랑하는 바다의 신 넵투누스Neptunus,
넵튠 아래 쪼그리고 있는 세 인물은 각각 갠지스강, 나일강, 유프라테
스강을 의인화한 것이다. 조각상을 받치고 있는 기단부는 코시모가
엘베강에서 수입한 화강암 평판으로 제작되었다. 광장 전체는 가는
나무가 뒤엉켜 자란 산울타리로 둘러싸여 있고, 전원 분위기에 걸맞
게 농부와 사냥꾼들을 묘사한 다양한 17세기 조각상들이 곳곳에 자
리 잡았다.

이솔로토에 있는 '바다의 분수'.

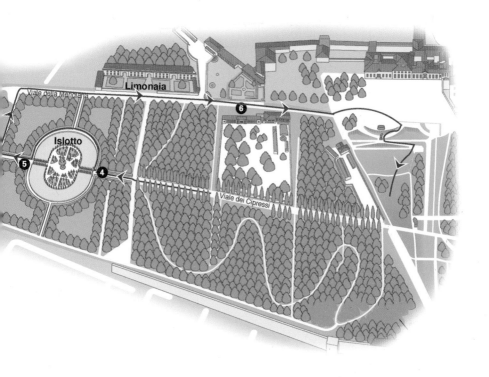

Limonaia

Viale della Meridiana

Islotto

❺

❹

❻

Viale dei Cipressi

❺ 인공 섬 너머 곧게 뻗은 길을 따라가면 프라토 델레 콜로네Prato delle
Colonne가 나온다. '기둥이 있는 초원'이라는 이름 그대로 반원형 잔디
밭 중앙에 두 개의 반암 기둥이 우뚝
서 있다. 더불어 산울타리를 따라 열두
개의 거대한 흉상이 빙 둘러서 있다.
이 가운데 일부는 로마제국 시대 작품
이다.

프라토 델레 콜로네를 마주 보고 서서
오른쪽으로 방향을 잡고 가다가 메리
디아나 길Viale della Meridiana로 다시 우
회전한다. 안나레나 출입구가 나오기

프라토 델레 콜로네에 있는
로마제국 시대의 흉상.

직전 왼쪽에 감귤을 재배하는 온실 리모나이아Limonaia가 있다. 리모나이아는 카페하우스, 팔라초 피티의 부속 건물 메리디아나와 함께 합스부르크 로렌 왕가가 18세기에 지은 건물이다. 합스부르크 로렌 왕가는 1737년 잔 가스토네 데메디치가 세상을 떠난 직후 권력을 거머쥐고 지난 3세기에 걸친 메디치가의 피렌체 지배를 종식했다. 은은한 회색빛을 띠는 리모나이아는 오늘날에도 원래 목적 그대로 500그루가 넘는 감귤나무가 자라는 근사한 온실로 남아 있다.

❻ 메리디아나 길을 따라 계속 언덕을 올라가면 메리디아나Palazzina della Meridiana에 딸린 넓은 안마당이 나온다. 메리디아나는 18세기에 합스부르크 로렌 왕가가 팔라초 피티에 증축한 건물로 오늘날은 전 세계에서 가장 유명한 의상 박물관이 자리 잡았다. 건물 맞은편의 구릉을 계속 올라가다 로마제국 시절의 거대한 목욕탕과 페가수스 조각상을 지나면 밤나무 숲이 나온다. 나무 그늘에서 도시락을 먹으며 소풍 기분을 내기에 안성맞춤이다. 푸른 토스카나 언덕을 배경으로 팔라초 피티 지붕 너머 펼쳐진 두오모 돔의 장관도 감상할 수 있다.

페가수스 조각상(위)과 밤나무 숲의 거대한 얼굴 조각상.

카발리에레 정원과 도자기 박물관.

❼ 체력을 보충했다면 거대한 얼굴 조각상과 고대의 기둥이 있는 밤나무 숲을 곧장 가로질러 오른쪽에 한 줄로 늘어선 건물을 지난다. 이 건물에 화장실이 있다. 같은 방향으로 계속 가면 1729년 주세페 델 로소Giuseppe del Rosso가 설계한 우아한 로코코 양식의 이중 층계가 나온다. 계단을 올라가면 뮤즈 조각상 뒤로 카발리에레 정원Giardino del Cavaliere이 있다. 보볼리 정원에서 가장 높은 곳으로, 토스카나의 풍경이 한눈에 내려다보인다. 원래는 약제용 식물을 키우기 위해 조성한 칸막이식 정원이었지만, 지금은 장미 정원으로 탈바꿈해 해마다 5월이면 향기로운 장미가 만발한다. 정원 한편에 있는 건물은 도자기 박물관이다. 원래 기사들의 숙소였는데 지금은 제법 근사한 도자기 작품을 전시하고 있다.

❽ 계단을 다시 내려와 우회전하여 내려가면 잠볼로냐가 제작한 풍요의 동상이 나온다. 밀 다발과 풍요의 뿔을 상징적으로 들고 있는 거대한 조각상이다. 1608년에 잠볼로냐가 처음 의뢰받은 것은 산 마르코 광

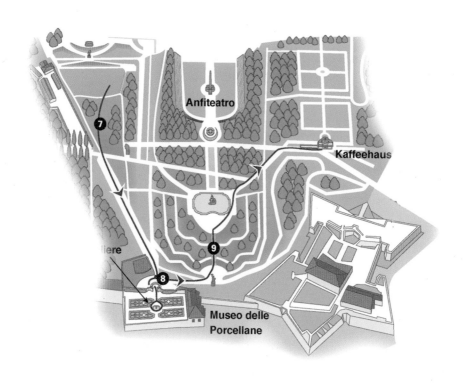

Anfiteatro

Kaffeehaus

⑦

iere

⑧

⑨

Museo delle
Porcellane

잠볼로냐가 제작한
풍요의 동상.

장 기둥에 세울 조반나프란체스코 1세 데메디치의 부인의 동상이었다. 그런 데 1636년에 조각상을 보볼리 정원으로 옮기면서 토스카나 지방의 풍요를 상징하게 되었다. 한편, 이 위치는 안피테아트로에서 시작하여 넵투누스 분수를 지나 풍요의 동상에서 마무리되는 보볼리 정원의 또 다른 축을 감상하기 좋다.

❾ 계단을 내려가 정면에 있는 넵투누스 분수를 좀 더 가까이에서 감상하자. 절벽 끝을 향해 휘두르는 넵투누스의 삼지창 때문에 현지인들 사이에서는 '포크'라는 애칭으로 불린다. 분수 너머에 보이는 안피테아트로는 나중에 다시 들를 예정이니, 지금은 분수를 돌아 우회전하여 산울타리가 이어진 좁은 길을 따라간다. 언덕 꼭대기에 민트색과 흰색이 어우러진 건물 카페하우스Kaffeehaus가 있다. 마치 아름답게 장식한 로코코 케이크 같이 생겼다. 리모나이아를 설계한 자노비 델 로소의 작품으로, 넓은 정원에서 고관대작들을 따라다니느라 지친 수행관들이 휴식을 취하던 곳이다.

넵투누스 분수(위)와 카페하우스.

그로토 부온탈렌티의 입구.

⑩ 정원 사이로 계단을 내려가 카페하우스의 아름다운 파사드를 감상
하자. 중앙 자갈길에서 독수리를 탄 가니메데스 조각상이 있는 정원
이 보이면 우회전한 다음 나무가 늘어선 길을 따라 내려간다. 곧 작은
마당이 나오고 건너편에 유피테르Jupiter, 제우스 조각상이 있는 칸막이
식 정원이 보인다. 입구를 따라 우회전해서 계속 가면 길 끝에 보볼리
정원에서 가장 오래된 그로토인 그로티치나 델라 마다마Grotticina della
Madama가 있다.

⑪ 길을 되돌아 나와 유피테르 조각상을 지나면 우측에 산울타리가 늘
어선 길이 있다. 그 길을 따라가면 그로토 부온탈렌티Grotto Buontalenti
가 나온다. 안팎을 종유석으로 장식해 초현실적인 분위기를 풍기는
이 거대한 동굴은 아마도 유럽에서 가장 유명한 인공 동굴일지도 모
른다. 그로토 안에는 많은 매너리즘 양식 조각이 자리를 지키고 있다.
미켈란젤로의 유명한 조각상 〈죄수들〉도 아카데미아 미술관으로 옮
기기 전까지 이곳에 있었다. 동굴 내부는 세 부분으로 나뉜다. 첫 번

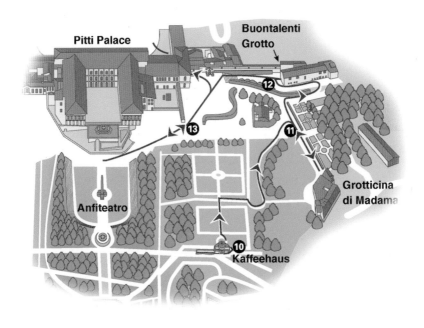

그로토 부온탈렌티
입구의 세부 모습.

째 공간은 삼림지대의 야생동물을 소재로 장식하여, 양치기가 쉬어 가던 천연 동굴 같은 분위기를 풍긴다. 두 번째 공간에는 빈첸초 데 로시Vincenzo de' Rossi, 1525~1587의 〈파리스와 헬레네〉가 있고, 마지막 세 번째 구간에는 잠볼로냐의 〈목욕하는 베누스〉가 있다.

⑫ 동굴에서 나와 맞은편 계단으로 올라가면 일명 '바쿠스 광장'이 있다. 거북이 등 위에 다리를 쫙 벌리고 앉아 있는 뚱뚱한 난쟁이 조각상이 바쿠스 조각상으로 잘못 알려지는 바람에 붙은 이름이다. 사실 이 조 각상의 모델은 코시모 1세의 저택에 소속된 광대 모르간테Morgante다. 팔라초 피티를 통해 밖으로 나가기 전 좌회전하여 팔라초 피티 가장 자리를 따라 걸으면 로마제국 시대의 거대한 목욕탕과 이집트 오벨 리스크가 있는 안피테아트로Anfiteatro가 나온다. 반원형 극장을 둘러 싼 스물네 개의 동상이 멋지다. 안피테아트로에 서면 넵투누스 분수 와 풍요의 동상으로 이어지는 정원의 축이 명확하게 드러난다.

⑬ 바쿠스 광장으로 돌아와 모르간테와 작별 인사를 나눈 뒤 팔라초 피 티의 아치를 통과해 보볼리 정원을 떠난다. 이제 바로 옆에 있는 산토 스피리토 광장에서 레드 와인이나 아페리티보aperitivo, 식전에 마시는 가벼 운 음식 또는 술를 즐길 시간이다.

바쿠스 광장에 있는 모르간테 조각상(위)과 안피테아트로.

저녁 마실: 달콤한 인생

아무나 흉내 낼 수 없는 이탈리아 생활 방식의 달콤함은 말로 설명하기가 쉽지 않다. 하지만 그것이 이탈리아의 문화, 날씨, 삶의 속도 그리고 음식과 술아마도 피렌체에서 가장 중요한 요소의 합작품임에는 이론의 여지가 없을 것이다. 특히 현지 식료품을 이용한 전통 요리들은 이탈리아 와인과 아주 잘 어울린다. 피렌체의 '달콤한 인생'을 탐방하는 이번 코스는 낮보다 저녁에 더 흥미진진하다. 그러니 코스에 얽매이지 말고 마음에 드는 장소를 발견했다면 그냥 밤새 눌러앉

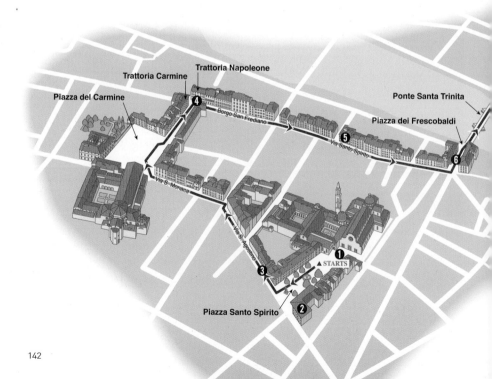

아도 좋다. 그다음 장소는 다음 날 저녁에 가면 된다. 이탈리아 사람들은 하룻밤에 이 술집에서 저 술집으로 바쁘게 옮겨 다니지 않는다. 한 장소에서 밤이 깊어가는 것을 느긋하게 즐기며 술과 음식, 유흥과 휴식 사이를 천천히 오간다.

이번 코스는 주로 유럽에서도 유명한 피렌체의 밤 문화를 경험하는 데 중점을 두었다. 올트라르노의 인기 많은 술집과 전통 이탈리아 식당도 코스에 포함된다. 저녁 식사를 하기에 좋은 식당 두 곳이 모두 카르미네 광장Piazza del Carmine에 있으니 내킨다면 한 곳을 골라 예약할 것을 권한다. 식사 후에는 달빛을 받으며 강가를 거닐고, 몇몇 술집과 젤라테리아도 방문할 것이다. 이번 코스의 대미는 너무나 재미있고 흥겨운 블럽 클럽The Blob Club에서 마무리한다.

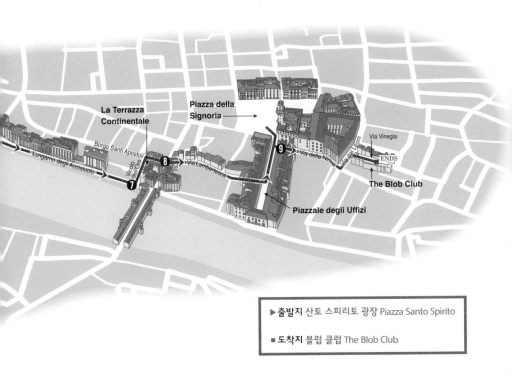

▶ **출발지** 산토 스피리토 광장 Piazza Santo Spirito

■ **도착지** 블럽 클럽 The Blob Club

산토 스피리토 성당의 해거름 풍경(왼쪽)과 팔라초 구아다니의 테라스.

❶ 명실상부한 올트라르노의 심장, 산토 스피리토 광장Piazza Santo Spirito 만큼 피렌체 사람들의 일상을 관찰하기 좋은 곳은 없다. 장터의 분주한 활기로 아침을 열고, 점심 먹으러 나온 직장인들과 뒤섞이고, 이어지는 시에스타의 여유를 즐긴다. 그리고 이 모든 일과는 하루를 마무리하는 축제의 시간으로 향한다. 축제 준비는 사람들이 아페리티보를 즐기고자 광장에 모이기 시작하는 저녁 7시쯤 시작된다. 관광객들에게는 저녁 7시부터 9시 사이가 대개 저녁 식사 시간이지만, 이탈리아 사람들에게 아페리티보는 식사 대용이 아니다. 아페리티보는 말 그대로 입맛을 돋우고 저녁 만찬을 준비하기 위한 시간이다. 아페리티보는 라틴어 '아페리레aperire'에서 온 말로 '열다'라는 뜻이다.

광장 주변의 술집들은 다 나름대로 존재 이유가 있지만, 아페리티보를 즐기기에는 5번지 볼루메Volume의 야외 자리가 최고다. 유행을 선도하는 인기 술집으로 이탈리아 빵 포카차Focaccia와 딥소스Dip sauce, 올리브를 식전 칵테일 아페롤 스프리츠와 함께 즐길 수 있다. 식탐을 자제할 수 있는 사람이라면 7번지 타메로Tamero도 추천한다. 이곳의 아페리티보 뷔페는 소스를 끼얹은 파스타와 파르메산 치즈를 얹은 가지 요리 같은 식전 메뉴로 가득하다. 또는 카비리아Cabiria에서 블러디 메리Bloody Mary 같은 칵테일을 사서 광장에서 마셔도 된다. 매일 저

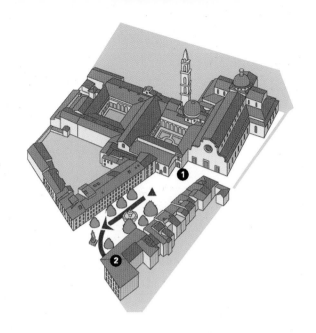

녁 혼잡한 술집을 벗어나 대성당 층계참에 모여 칵테일을 마시는 사
람들 모습은 피렌체에서 흔히 볼 수 있는 풍경이다.

❷ 해 질 무렵에 칵테일 마시기 좋은 장소로는 산토 스피리토 광장과 마
체타 거리Via Mazzetta 모퉁이에 있는 팔라초 구아다니Palazzo Guadagni
의 테라스를 추천한다. 저명한 피렌체 건축가 시모네 델 폴라이올로
Simone del Pollaiolo, 1457~1508가 16세기 초에 설계한 건물이다. 폴라이올
로는 로마 유적에 대한 관심이 얼마나 지대했던지 별명이 '일 코로나
카Il Cronaca, 연대기'였다. 팔라초 구아다니는 원래 독일 예술 협회와 명
문 귀족인 구아다니 가문이 소유했는데, 지금은 호텔이 들어섰다. 우
아한 복숭앗빛 로지아는 호텔 숙박객이 아니어도 이용할 수 있으며,
관광객은 물론 현지인에게도 술 마시는 장소로 인기가 높다. 칵테일
을 마시며 올트라르노의 암갈색 지붕들 위로 호박색 태양이 지는 모
습을 감상해보자.

오래된 식당 안졸리노 내부.

❸ 저녁 먹을 식당을 예약했다면 예약 시간에 늦지 않도록 신경 쓰며 광장 모퉁이에 있는 산타고스티노 거리Via Sant'Agostino를 따라가자. 같은 방향으로 산타 모나카 거리Via Santa Monaca로 내려가면 카르미네 광장 Piazza del Carmine이 나온다. 18번지의 식당 카르미네Trattoria Del Carmine는 전통을 중시하고 별빛 아래서 현지인들에 둘러싸여 식사하고 싶은 사람에게 이상적이다. 피렌체식 소고기 스테이크 같은 전통 요리를 맛볼 수 있다. 24번지에 있는 나폴레오네Trattoria Napoleone는 피자 맛이 '끝내주는' 유명한 피자 전문점이다. 토스카나 전통 음식인 송로버섯 요리도 다양하게 준비되어 있다. 이곳의 화려한 실내 장식과 분위기 있는 조명은 뜨거운 밤을 맞이할 서곡으로 이상적이다.

❹ 소화를 돕기 위해 마시는 전통 술 리몬첼로limoncello로 식사를 마무리 한 다음 보르고 산 프레디아노Borgo San Frediano를 따라 걷자. 보르고 산 프레디아노는 최근 《론리 플래닛》에서 선정한 '세계에서 가장 멋진 장소' 10위 안에 들어 인파가 부쩍 늘었다. 길가에 늘어선 세련된 술 집들을 보면 그 인기를 실감할 수 있다. 나폴레오네에서 몇 집 떨어진

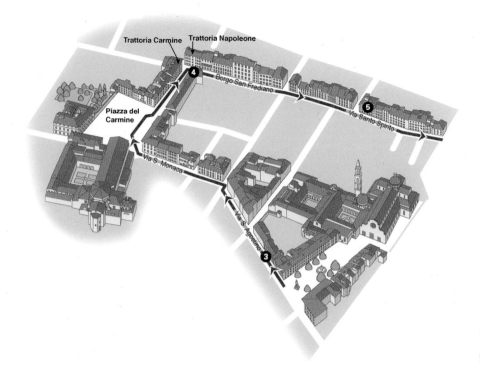

36번지에 매드 소울즈 앤드 스피리츠Mad-Souls & Spirits가 있다. 칵테일
전문가가 강렬하고 예술적인 칵테일을 선사한다. 27번지 제스토Gesto
는 칵테일과 함께 이탈리아 타파스여러 가지 요리를 조금씩 담은 스페인식 술안
주를 제공한다.

❺ 이보다 전통적인 분위기를 원한다면 보르고 산 프레디아노와 산토
스피리토 거리가 만나는 왼편의 일 산티노Il Santino가 제격이다. 예
스럽고 아늑한 이 와인 바는 64번지의 인기 식당 일 산토 베비토레Il
Santo Bevitore와 붙어 있다. 좀 더 걸어가면 36번지에 안졸리노Ristorante
Trattoria Angiolino가 나온다. 이 지역에서 가장 오랫동안 사랑받고 있는
식당으로, 파파 알 포모도로papa al pomodoro, 토마토 수프나 리볼리타ribol-
lita, 빵이 들어간 채소 수프 같은 토스카나 전통 음식이 맛있다.

❻ 프레스코발디 광장Piazza de' Frescobaldi 으로 좌회
전하여 8번지의 유명한 젤라테리아 산타 트리
니타Gelateria Santa Trinita에 들러 아이스크림을
먹자. 이곳의 검은깨 아이스크림은 독특한 맛
으로 인기가 최고다. 산타 트리니타 다리Ponte
Santa Trinita를 건너면서 반짝이는 아르노강에
반사된 베키오 다리의 근사한 장관을 감상한
다. 다리 끝에서 우회전하여 아차이우올리 강
변길Lungarno degli Acciaiuoli을 따라 피렌체 야경
을 감상하며 강가를 산책한다.

❼ 오로 골목Vicolo dell'Oro 으로 좌회전하면 오른쪽
6번지에 라 테라차 콘티넨탈레La Terrazza Conti-
nentale가 있다. 밤 11시까지 여는 이 옥상 술집은 피렌체의 파노라마
야경을 감상하기 좋다. 밤하늘 아래 반짝이는 신성한 두오모 돔도 아
름답다.

산타 트리니타 다리의 야경.

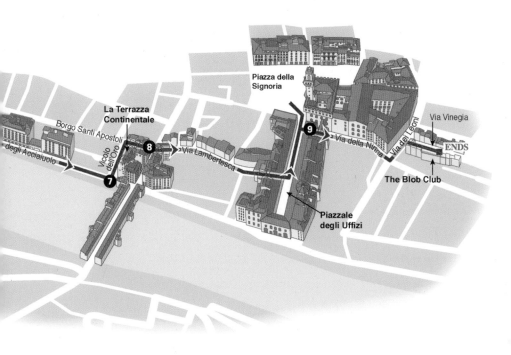

❽ 오로 골목 끝에서 보르고 산티 아포스톨리Borgo Santi Apostoli로 우회전
한 다음 같은 방향으로 계속 가면 여러 술집을 지나 람베르테스카 거
리Via Lambertesca가 나온다. 우피치 광장Piazzale degli Uffizi에 이르면 좌회

산타 트리니타 다리에서 바라본 베키오 다리.

전하여 시뇨리아 광장Piazza della Signoria으로 간다. 달빛이 대리석 위에서 춤을 추는 밤이면 광장이 더욱 빛나고 아름답다. 피렌체 사람들은 비교적 최근까지 피렌체가 유령으로 가득하며, 바다의 신 넵투누스가 아르노강의 위대한 신을 붙잡아 가두었다고 믿었다. 전설에 따르면 달빛이 아르노강을 비추면 강의 신은 다시 살아나 광장의 동상들과 대화를 나눈다고 한다.

❾ 왔던 길로 다시 광장을 빠져나와 닌나 거리Via della Ninna로 좌회전한다. 레오니 거리Via dei Leoni로 다시 좌회전한 다음 비네자 거리Via Vinegia로 우회전한다. 오른쪽 21번지에 블럽 클럽The Blob Club이 있다. 클럽 정문은 평범하게 생긴 데다 방음이 잘 되어서 자칫하면 지나치기 쉽다. 많은 면에서 일반 클럽과 다를 바 없어 보여 이번 코스의 대미를 장식한다는 게 의아할 수도 있지만, 현지인부터 관광객까지 피렌체에 머무는 모든 사람에게 '통과의례' 같은 장소다. 아래층에는 신나게 춤출 수 있는 무대가 있고, 위층에는 휴식 공간이 있다.

혹시 블럽 클럽이 별로 끌리지 않는다면 활기찬 산타 크로체 구역으로 넘어가자. 산타 크로체 광장Piazza di Santa Croce 6번지의 흥미로운 와인 바 돈디노Dondino에서 아름다운 산타 크로체 대성당 파사드를 감상하며 와인을 즐길 수 있다. 틴토리 길Corso dei Tintori 34번지 비어 하우스 클럽Beer House Club은 아늑한 공간에서 수제 맥주를 판매한다. 주세페 베르디 거리Via Giuseppe Verdi 19번지의 푸크FUK는 다양하고 훌륭한 칵테일을 자랑한다. 모두 밤늦도록 문을 연다.

시뇨리아 광장의 넵투누스 분수(위)와 산타 크로체 대성당 앞에서 밤의 여유를 즐기는 사람들.

산 미니아토 알 몬테: 더높은곳으로

이번 코스는 아르노강 남동쪽, 구시가를 둘러싼 낡은 성벽 너머의 비탈진 언덕을 탐험한다. 대부분 저택과 성당으로 이루어진 다른 코스보다 더욱 다채롭고 풍경이 아름답다. 다른 곳에 비해 관광객들이 덜 찾는 구간이지만, 피렌체에서 가장 인상적인 여정이 되고도 남을 것이다. 이번 코스는 산 니콜로San Niccolò 구역의 전통 수공예품점을 통과하면서 출발한다. 장미 정원을 지나 미켈란젤로 광장Piazzale Michelangelo까지 올라가 피렌체 일대의 파노라마 풍경을 감상할 예정이다. 이 코스의 백미는 피렌체에서 가장 높은 곳에 자리한 산 미니아토 알 몬테 수도원Abbazia di San Miniato al Monte이다. 천년 역사를 자랑하는 이 수도원은 토스카나 전역에서 가장 아름다운 로마네스크 양식 건축물 중 하나다. 뒤뜰에는 공동묘지가 있다.

이번 코스의 종착지인 산 미니아토 문Porta San Miniato에 이르면 다음 코스 '9. 중세의 경계'를 역순으로 연결할 수 있다. 피렌체에 오래 머물지 않거나, 중세의 피렌체를 온종일 경험하고 싶다면 두 코스를 연결해 걸어도 좋다. 단, 몇몇 가파른 구간에서 지치지 않도록 곳곳의 와인 바와 식당을 활용해 기운을 충분히 보충하길 바란다.

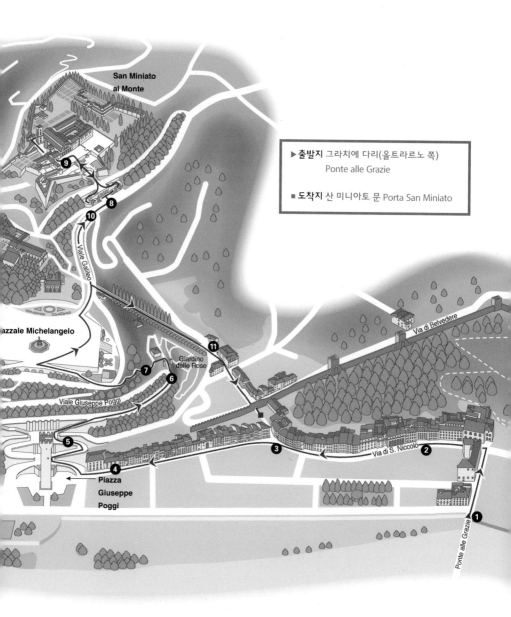

San Miniato
al Monte

▶출발지 그라치에 다리(올트라르노 쪽)
Ponte alle Grazie

■ 도착지 산 미니아토 문 Porta San Miniato

Viale Galileo

azzale Michelangelo

Giardino
delle Rose

Via di Belvedere

Viale Giuseppe Poggi

Via di S. Niccolò

Piazza
Giuseppe
Poggi

Ponte alle Grazie

베키오 다리에서 바라본 그라치에 다리 전경.

❶ 올트라르노 쪽 그라치에 다리Ponte alle Grazie에서 출발한다. 피렌체의
주요 다리치고는 꽤 평범하게 생겼지만 더욱 화려한 베키오 다리의
멋진 모습을 감상하기에 더없이 좋은 장소다. 다리를 뒤로하고 좁은
모치 광장Piazza dè Mozzi을 곧장 건넌다. 왼편에 있는 스테파노 바르디
니 박물관Museo Stefano Bardini은 골동품 수집가 스테파노 바르디니가

1922년 세상을 떠나면서 피렌체에 기증한 소장품을 전시한 곳이다. 입구는 레나이 거리Via dei Renai 왼쪽 36번지에 있다.

❷ 스테파노 바르디니 박물관을 지나 산 니콜로 거리Via di San Niccolò로 좌회전한다. 완만한 곡선을 그리는 매력적인 르네상스 거리를 따라가면 수많은 수공예상과 전통 식당, 작은 갤러리가 즐비하다. 오른쪽 115번지의 아름다운 15세기 건물 안에 세계적인 명성을 자랑하는 금세공 장인, 알레산드로 다리의 작업실Alessandro Dari Gioielli이 숨어 있다. 그는 1603년부터 가내수공업으로 전해 내려온 에트루리아와 르네상스 기술을 이용해 철저히 '피렌체적인' 기술을 '세계적인' 예술로 승격시킨 인물이다. 알라딘의 동굴 같은 상점 안을 돌아다니며 이 대가의 작품을 감상해보자.

산 니콜로 거리.

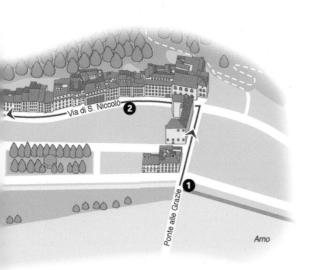

❸ 산 니콜로 거리를 반쯤 통과하면 산 니콜로 올트라르노 성당Chiesa di San Niccolò Oltrarno이 나온다. 12세기에 지어진 파사드의 평범함에 속아 그냥 지나치지 말고 꼭 안으로 들어가보자. 폴라이올로, 미켈로초, 네리 디 비치 같은 르네상스 대가들의 유산이 많다.

산 니콜로 거리에는 식당이 많다. 훌륭한 아페리티보를 원한다면 일 리프룰로Il Rifrullo가 제격이고, 전형적인 토스카나 요리를 맛보고 싶다면 오스테리아 안티카 메시타Osteria Antica Mescita를 추천한다. 대낮에는 거리 분위기가 조용한 편이지만, 해가 지면 슬슬 활기를 띠기 시작한다.

❹ 산 니콜로 거리를 따라가면 갈수록 산 니콜로 탑Torre di San Niccolò이 점점 가까워진다. 마치 완만한 곡선을 따라 현재에서 중세로 서서히 접어드는 기분이다. 여기서부터는 피렌체의 중세 유적이 많이 남아 있다. 2번지 스테파노 베르네르Stefano Berner는 맞춤 제작하는 전통 가죽 신발로 유명하다. 주세페 포기 광장Piazza Giuseppe Poggi에 이르면 산 니콜로 탑이 있다. 중세의 피렌체 성벽을 통과하던 많은 성문 유적 중 하나로 문 위쪽이 탑처럼 높이 솟아 있다.

산 니콜로 탑.

피렌체 전경이 내려다보이는 장미 정원.

❺ 산 니콜로 탑 뒤쪽의 경사로를 올라간다. 이 언덕은 19세기 건축가 주
세페 포기Giuseppe Poggi, 1811~1901의 이름을 따 '포기 언덕'으로 부른다.
언덕 초입에 초현실적인 그로토를 감추고 있는 거대한 아치 다섯 개
가 나온다. 그로토 벽에는 마치 수 세기 동안 물밑에 있었던 것처럼
종유석이 매달려 있다. 경사로 꼭대기에서 주세페 포기 길Viale Giuseppe
Poggi을 따라 우회전한다.

❻ 길이 처음 꺾이는 곳에 장미 정원Giardino delle Rose의 입구가 있다. 이 정
원은 일 년 내내 오전 9시부터 문을 열어 해 질 무렵에 닫는다. 따라서
계절에 따라 문 닫는 시간이 다르므로 미리 확인하자. 정원에는 350
여 종이 넘는 장미가 자라며 5~6월에 절정에 이른다. 피렌체의 자매
도시인 교토에서 기증한 일본 정원도 있다. 벨기에 예술가 장 미셸 폴
롱의 아름다운 조각상 열두 개가 정원 곳곳에 세워져 있다. 입구에서
오른쪽으로 내려가면 저만치 펼쳐진 피렌체 풍경을 감상할 수 있는
최적의 장소가 나온다. 파란 하늘 아래 아른거리는 테라코타 지붕들
과 초록 골짜기 사이로 폭포처럼 흘러내리는 낡은 성벽이 근사하다.

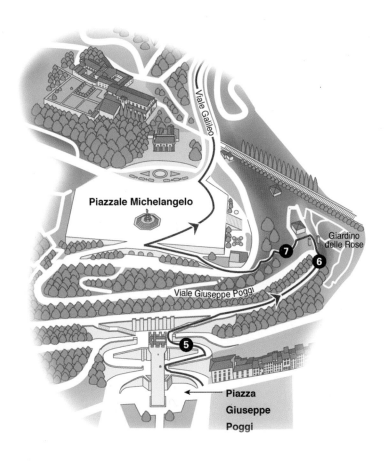

Piazzale Michelangelo

Viale Galileo

Giardino
delle Rose

Viale Giuseppe Poggi

Piazza
Giuseppe
Poggi

장 미셸 폴롱의 조각상.

❼ 충분히 쉬었다면 장미 정원 입구 왼쪽에 있는 층계를 올라간다. 이 길을 쭉 따라 올라가면 미켈란젤로 광장Piazzale Michelangelo이 나온다. 피렌체의 환상적인 스카이라인을 감상할 수 있는 2층 구조의 발코니가 특히 유명하다. 피렌체의 탄생을 이 광장이 함께했다는 전설이 있지만, 알고 보면 꽤 최근의 산물로, 1869년 도시 성벽을 재건할 당시 주세페 포기가 설계했다.

미켈란젤로의 대작 다비드를 복제한 청동상도 볼거리지만, 이 광장의 진짜 매력은 광장 안이 아니라 밖에 있다. 광장에서 내려다보는 아름다운 풍경만으로도 이곳에 오를 이유가 충분하기 때문이다.

풍경을 충분히 감상했다면 광장을 가로질러 오른쪽 갈릴레오 길Viale Galileo로 올라간다. 길 왼편에 산 살바토레 알 몬테 성당Chiesa di San Salvatore al Monte과 화장실이 있다.

미켈란젤로의 다비드상을 복제한 청동상(위)과 미켈란젤로 광장에서 바라본 피렌체 풍경.

산 미니아토 알 몬테 수도원의 로마네스크 양식 파사드.

❽ 왼쪽의 이중 층계를 올라가면 수도원 성당, 산 미니아토 알 몬테 수도
원Abbazia di San Miniato al Monte이 있다. 천년을 버텨온 이 수도원은 잘 알
려지지 않은 피렌체의 수호성인 성 미니아토San Miniato의 이름을 땄
다. 성 미니아토는 피렌체의 첫 번째 가톨릭 순교자로 숭배받는다. 전
설에 따르면 그는 아르메니아 출신의 병사였는데, 250년에 아르노강
가에서 로마제국의 손에 목이 잘렸다. 그런데 목이 잘린 미니아토는
자신의 머리를 들고 언덕을 올라가 이곳에서 멈추었고, 결국 이곳에
묻혔다. 1018년 피렌체 주교 힐데브란트Hildebrand는 성 미니아토의
유해를 보관하기 위해 지금의 로마네스크 양식으로 수도원을 재건했
고, 그 후 베네딕트회 수도사들이 줄곧 이곳에 살고 있다.

세례당을 연상시키는 대리석 파사드에는 '이곳은 천국의 입구다.'창
세기 28:17라는 글귀가 새겨져 있다. 어쩌면 피렌체에서 가장 아름다
울지도 모를 웅장한 실내에 들어서면 그 말에 고개를 끄덕이게 될 것
이다. 경이로운 작품들이 셀 수 없이 많지만, 그중에서도 황도십이궁
을 새겨 넣은 '대리석 카펫'과 성구 보관실에 있는 스피넬로 아레티노

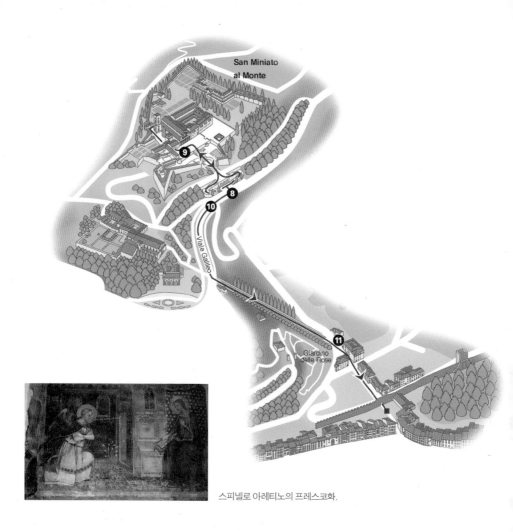

스피넬로 아레티노의 프레스코화.

Spinello Aretino, 1350~1410의 프레스코화, 성 미니아토의 유해를 보관하
고 있는 지하 묘지가 압권이다.

❾ 성당에서 나오면 오른쪽에 매력적인 기념품점이 있다. 수도사들이
직접 만든 수제 비누와 케이크, 양초 등을 판매한다. 포르테 산테 공
동묘지Cimitero delle Porte Sante 입구도 바로 옆에 있다. 이곳에 공동묘지
를 짓겠다는 생각은 1837년에 처음 발의되었고, 주세페 포기의 도시

발전 계획과 나란히 진행되었다. 처음에 공동묘지 설계는 산타 크로체 대성당의 파사드를 설계했던 니콜로 마타스Niccolò Matas가 맡았는데, 1860년대에 마리아노 팔치니Mariano Falcini에게 넘어갔다. 팔치니는 16세기 요새였던 성당 주변 구역을 매우 독특한 공동묘지로 탈바꿈시켰다. 중세풍의 정교한 무덤 수백 개 중에는 피렌체의 유명 인사들도 잠들어 있다. 《피노키오》를 쓴 작가 카를로 로렌치니Carlo Loren-zini, 세 번이나 노벨 문학상을 받은 바스코 프라톨리니Vasco Pratolini가 대표적이다.

❿ 이중 층계참으로 돌아와 갈릴레오 길로 내려간다. 미켈란젤로 광장 쪽으로 방향을 잡고 가다 보면 왼쪽에 플레이 바Play Bar가 있고, 그 옆으로 나무가 줄지어 선 내리막길이 나온다. 이 길을 따라 내려가면 오른쪽으로 장미 정원 담이 나온다. 정원을 다시 보고 싶다면 이쪽에 또 다른 통로가 있으니 들어갔다 나와도 된다.

⓫ 이 길 끝에서 교차로를 만나면 몬테 알레 크로치 거리Via del Monte alle Croci로 직진한다. 정면에 14세기의 낡은 성벽에 붙어 있는 산 미니아토 문Porta San Miniato이 보인다. 일단 이 길 끝까지 가면 몇 가지 선택지가 있다. 벨베데레 거리Via di Belvedere로 좌회전하여 '9. 중세의 경계' 코스를 이어갈 수도 있고, 근처의 훌륭한 현지 식당에서 저녁을 먹으며 쉬어 갈 수도 있다. 몬테 알레 크로치 거리 10번지에 있는 근사한 와인 바 푸오리 포르타Fuori Porta도 괜찮고, 산 미니아토 문 바로 뒤에 있는 전통 토스카나 식당 체브Zeb도 추천할 만하다. 일단 산 미니아토 문을 통과하면 산 니콜로 거리Via San Niccolò로 되돌아오게 된다. 이 길 55번지 일 리프룰로Il Rifrullo는 근사한 아페리티보로 유명하다. 구시가 중심으로 돌아가려면 산 니콜로 거리로 좌회전한다.

포르테 산테 공동묘지(위)와 산 미니아토 알 몬테 수도원이 자리 잡은 언덕 전경.

중세의 경계: 사람의 발길 닿지 않는 길

이번 코스는 쇠락한 성벽을 넘어 아르노강의 남동쪽을 탐험한다. 두 개의 고대 성문, 산 조르조 문과 산 미니아토 문은 르네상스의 중심에서 중세로 이동하는 시간의 문이기도 하다. 도착지인 산 미니아토 문에서 '8. 산 미니아토 알 몬테' 코스와 연결해 중세의 향기를 공유하는 두 코스를 이어서 탐방할 수도 있다. 하지만 피렌체의 중세 시대 경계선을 돌아보는 이번 코스는 여유를 갖고 차분히 둘러보는 것이 좋다. 이탈리아 사람들이 '파세자타passeggiata'라고 부르는 느린 산책처럼 말이다.

관광객의 발길이 거의 미치지 않는 이 코스는 토스카나 시골과 매우 가까운 거리에 있다. 이 코스의 백미는 아르체트리Arcetri 지역에 있는 작은 로마네스크 성당을 향해 구불구불하고 가파른 산 조르조 언덕길Costa San Giorgio을 오르는 일이다. 바르디니 정원Giardino Bardini은 근사한 곳에 자리 잡고 있지만 아직 많이 알려지지 않았다. 거대한 벨베데레 요새Forte di Belvedere도 빼놓을 수 없는 볼거리다. 그리고 피렌체에서 가장 오래 살아남은 성벽 구간을 걸어 내려가는 일도 멋지다. 중심가의 혼잡함에서 벗어나 도시와 전원, 과거와 현재의 경계를 넘나들며, 피렌체의 또 다른 모습을 발견하게 될 것이다.

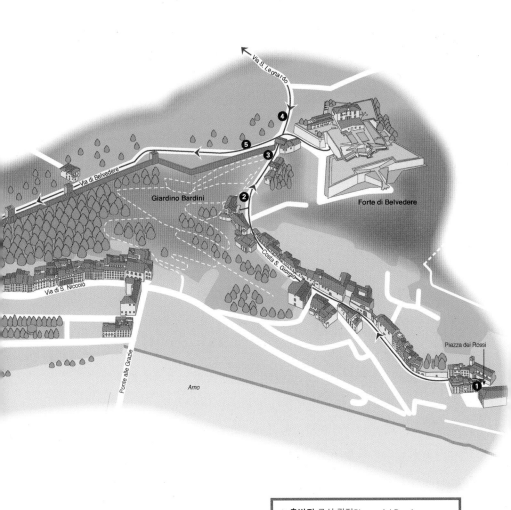

Via S. Leonardo

④

⑤

③

Via di Belvedere

Giardino Bardini

②

Forte di Belvedere

Costa S. Giorgio

Via di S. Niccolò

Piazza dei Rossi

①

Ponte alle Grazie

Arno

▶ **출발지** 로시 광장Piazza dei Rossi

■ **도착지** 산 미니아토 문 Porta San Miniato

갈릴레오 갈릴레이의 집.

❶ 산타 펠리치타 광장Piazza Santa Felicita 바로 뒤에 있는 로시 광장Piazza dei Rossi에서 출발한다. 기운을 북돋아 줄 무언가가 필요하다면 매력적인 와인 바 레 볼피 에 루바Le volpi e l'Uva에 들러보자. 갈림길에서 오른쪽으로 가면 다리가 점점 뻐근해지는 산 조르조 언덕길Costa San Giorgio이 나온다. 북적거리는 도심에서 한 발 떨어진 이곳은 유럽에서도 가장 아름다운 주택가 중 하나일 것이다. 완만한 곡선을 그리며 오르막길을 오르다가 왼쪽으로 스카르푸차 언덕길Costa Scarpuccia이 갈라지는 지점을 지날 때 피렌체의 환상적인 스카이라인이 드러난다.

산 조르조 언덕길을 좀 더 오르면 오른쪽 19번지에 갈릴레오 갈릴레이의 집Casa di Galileo Galilei이 있다. 갈릴레이 가문의 문장인 3단 사다리와 문 위에 붙어 있는 갈릴레이 초상화로 금방 알아볼 수 있다. 갈릴레이는 피사 출신으로, 1629년부터 1634년까지 이곳에서 가족들과 살다가, 노년에는 언덕 더 높은 곳으로 이사했다.

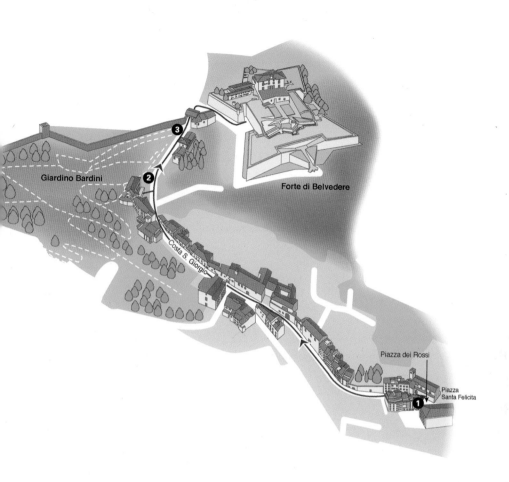

❷ 산 조르조 언덕길 꼭대기까지 올라가면 왼쪽 2번지에 바르디니 저택
과 정원 입구가 나온다. 바르디니 정원Giardino Bardini의 역사는 이곳이
모치 가문의 과수원이었던 1200년대까지 거슬러 올라간다. 그러나
현재의 모습은 대부분 19세기에 정원을 소유했던 골동품상 스테파
노 바르디니Stefano Bardini가 완성했다. 이후 그의 아들이 정원을 시에
기증한 뒤로 수년간 방치되었다가 대규모 재건 사업이 진행되었고,
2000년에 다시 대중에게 개방되었다. 그 후 거의 20년이 지났지만
정원은 여전히 비밀스러운 공간으로 남아 있어 정적이 감돈다. 아르
노강가의 비탈진 언덕 대부분을 차지한 이 정원은 피렌체 풍경을 감

상하기에 좋다. 정원에는 거대한 바로크식 층계부터 등나무 터널, 영국-중국 정원Anglo-Chinese gardens의 수로 등 다양한 특색을 띤 요소들이 섞여 있다. 다 둘러보려면 한 시간은 거뜬히 걸리는 규모이며, 정원 안 카페에서 목을 축일 수도 있다.

❸ 바르디니 정원에서 나와 산 조르조 언덕길 끝까지 간다. 1324년에 건설된 후 피렌체에서 가장 오래 살아남은 산 조르조 문Porta San Giorgio의 아치를 통과하면 왼편에 성벽이 있고 오른쪽에 거대한 벨베데레 요새Forte di Belvedere가 있는 교차로가 나온다. 벨베데레 요새를 끼고 돌아 포르테 디 산 조르조 거리Via del Forte di San Giorgio로 내려가면 요새 입구가 있다. 벨베데레 요새는 피렌체와 팔라초 피티에 거주하던 메디치가를 외세 침입으로부터 지키기 위해 건설한 것으로, 커다란 별 모양의 구조는 1590년 베르나르도 부온탈렌티가 설계했다. 오늘날은 계절별 특별 전시장으로 대중에게 개방한다. 과거에 헨리 무어나 아니시 카푸어 같은 유명 조각가도 이곳에서 전시회를 개최한 바 있다. 또한 상류층의 특별 행사 장소로도 애용되는데, 2014년 모델 킴 카다시안과 가수 카니예 웨스트가 이곳에서 결혼식을 올렸다.

바르디니 정원의 바로크식 층계(위)와 벨베데레 요새.

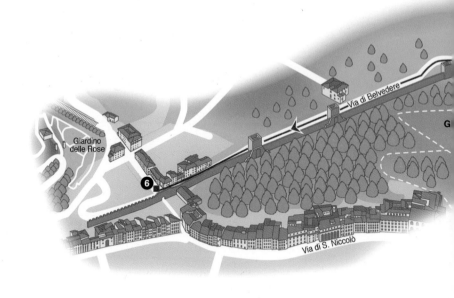

❹ 산 조르조 문이 있는 갈림길로 돌아와 아르체트리 지역으로 향하는
산 레오나르도 거리Via di San Leonardo로 올라간다. 4분 정도 가면 왼쪽
25번지에 산 레오나르도 인 아르체트리 성당Chiesa di San Leonardo in Arce-
tri이 나온다. 올리브 수풀 사이에 아담하게 자리 잡은 성당은 오전 8
시부터 12시까지, 오후 4시부터 6시까지 개방한다. 이 책의 지도에는
표시하지 못했지만, 지도 바로 바깥에 있다. 피렌체에서는 귀중한 문
화유산이 야단스럽지 않고 평범한 장소에서 발견되는 일이 흔하다.
산 레오나르도 인 아르체트리 성당도 마찬가지다. 성당의 규모는 작
지만, 아름다운 대리석 설교단은 환상적이다. 13세기에 단테와 보카
치오가 이 설교단에 서서 강연하기도 했으며, 예술사학자들은 피렌
체 로마네스크 조각품 중 최고의 걸작으로 손꼽는다. 또한 성당 안에
는 네리 디 비치의 그림도 세 점이나 있으며, 외벽에는 주세페 카스텔

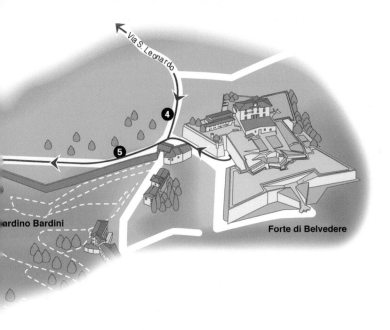

산 레오나르도 인 아르체트리 성당 외관(왼쪽)과 카스텔루치의 〈두 천사와 함께 있는 성 레오나르도〉.

루치Giuseppe Castellucci, 1863~1939가 1928년에 제작한 아름다운 모자이크 작품 〈두 천사와 함께 있는 성 레오나르도〉가 있다.

산 레오나르도 거리 꼭대기까지 올라가면 한때 유명인들이 거주했던 사실을 증명하는 명판을 많이 볼 수 있다. 그중에는 러시아 음악가 차이콥스키, 이탈리아 화가 오토네 로사이도 있다. 아쉽지만 대중에게 개방하지는 않는다.

❺ 산 조르조 문 앞 갈림길로 다시 돌아와 왼쪽 벨베데레 거리Via di Belve-dere로 접어들어 피렌체에서 가장 오래된 성벽을 따라간다. 14세기의 성벽과 토스카나 시골 풍경 사이를 걸으며 새들의 지저귐과 매미 소리에 맞춰 피렌체의 옛 풍취를 만끽해보자.

❻ 벨베데레 거리 끝에서 몬테 알레 크로치 거리Via del Monte alle Croci가 이 어지고, 왼쪽에 산 미니아토 문Porta San Miniato이 있다. 이번 코스와 '8. 산 미니아토 알 몬테' 코스가 연결되는 지점이다. 만약 피렌체의 중세 향취를 더욱 만끽하고 싶다면 장미 정원과 산 미니아토 알 몬테가 이 어지는 오르막길을 올라간다. 또는 산 니콜로 주변의 전통 식당에서 여독을 푼다.

몬테 알레 크로치 거리에서 좀 더 올라가면 오른쪽에 토스카나 요리 를 선보이는 전통 와인 바 푸오리 포르타Fuori Porta가 있다. 산 미니아 토 문을 통과하면 산 미니아토 거리 2번지에 체브Zeb가 있는데, '마 마' 주세피나가 매일 특별한 전통 음식을 요리한다. 산 미니아토 거리 Via San Minato를 따라가면 산 니콜로 거리Via San Niccolò가 나온다. 이곳 에 아페리티보를 즐기거나 식사를 할 만한 곳이 더 많다. 그중 55번지 일 리프룰로Il Rifrullo와 48번지 첸토리Cent'Ori를 추천한다. 산 니콜로 거리에서 서쪽으로 가면 올트라르노의 중심가가 나온다.

14세기의 성벽과 산 미니아토 문.

벨로스구아르도: 전망 좋은 언덕

Piazza della Calza

한적한 벨로스구아르도 언덕은 관
광객이 잘 찾지 않는 곳이기는 하
지만, 꼭 한번 가볼 만한 멋진 곳이다. '아름다
운 경치'라는 뜻의 이름 그대로 이 언덕에서 바라보
는 풍경이 예술이다. 19세기 소설가 헨리 제임스는 이곳에
서 피렌체를 내려다보며 "세상에서 가장 아름답다."고 칭송했다. 알
만한 사람들에게는 피렌체 곳곳에 산재한 성당들을 한눈에 담을 수
있는 장소로 유명하다. 이번 코스는 미국 출신 인기 작가들의 발자취
를 따라가는 일종의 문학 기행이기도 하다. 헨리 제임스, 나다니엘 호
손, 마크 트웨인 등이 19세기에 피렌체에 머물렀다. 천문학자 갈릴레
이 갈릴레오도 한때 이곳에 살았으며, 플로렌스 나이팅게일이 태어
난 곳도 여기다.

이번 여정은 피렌체의 고대 통행로인 로마나 문Porta Romana에서 출발
하여 벨로스구아르도 거리Via di Bellosguardo를 따라 언덕 꼭대기까지 간
다. 피렌체 도심과 주변 시골의 독특한 관계를 이 코스에서 확인하게

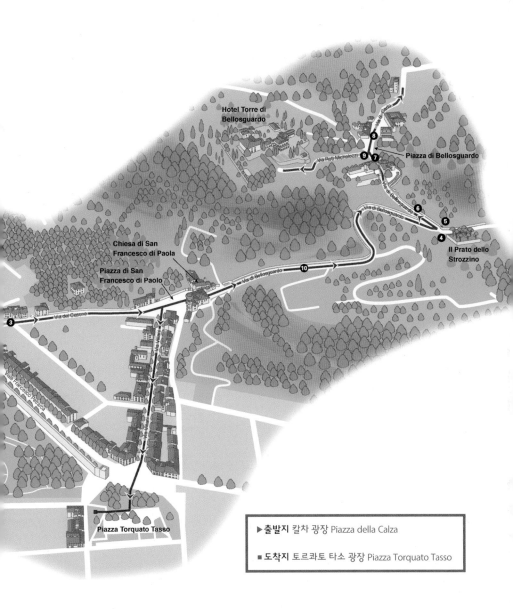

Hotel Torre di Bellosguardo

Piazza di Bellosguardo

Via Roti Michelozzi

Chiesa di San Francesco di Paola

Piazza di San Francesco di Paolo

Via di Bellosguardo

Via del Cesone

Il Prato dello Strozzino

Via Villani

Via Francesco Petrarca

Piazza Torquato Tasso

▶ 출발지 칼차 광장 Piazza della Calza

■ 도착지 토르콰토 타소 광장 Piazza Torquato Tasso

될 것이다. 중심가에서 10분만 벗어나도 새들의 지저귐과 토스카나의 상쾌한 공기가 길동무가 되어준다. 이번 코스는 관광 인파는 물론 상점 하나 없는 대신 코스를 마무리하는 올트라르노의 토르콰토 타소 광장Piazza Torquato Tasso에 맛있는 음식을 맛볼 수 있는 식당이 즐비하며, 훌륭한 아이스크림 가게도 있다.

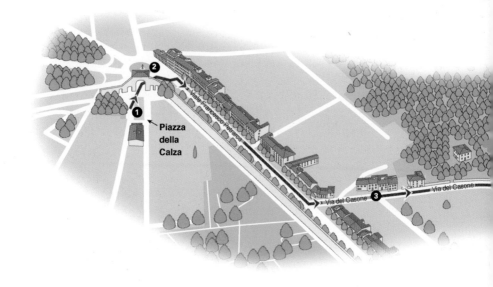

**Piazza
della
Calza**

❶ 산 펠리체 광장Piazza San Felice에서 로마나 거리Via Romana 끝까지 가면
칼차 광장Piazza della Calza이 있다. 이곳의 바 단졸로Bar d'Angolo 건물 위
에 〈수 세기를 이어온 피렌체의 삶〉이라는 프레스코화가 있다. 피렌
체 화가 마리오 로몰리Mario Romoli의 1954년 작품으로 위대한 작가 단
테부터 정치가 조르조 라 피라Giorgio La Pira, 1904~1977까지, 피렌체 역
사에 큰 영향을 끼친 이탈리아 위인들을 묘사한 것이다. 원래 이 자리
에는 르네상스 시대의 벽화가 있었으나 제2차 세계대전으로 벽화가
파손되자 이 작품으로 대신했다.

❷ 로마나 문Porta Romana의 아치를 통과하면 여러 길이 합류하는 지점에
서게 되는데, 그중 남쪽으로 뻗은 길은 로마로 향한다. 과거 수 세기
동안 이 길을 통해 수많은 순례자와 고관대작들이 로마와 피렌체를

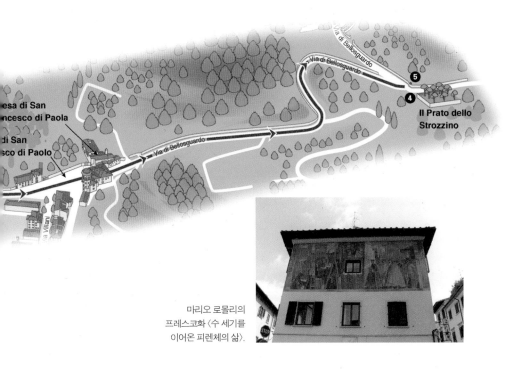

마리오 로몰리의
프레스코화 〈수 세기를
이어온 피렌체의 삶〉.

오갔다. 프란체스코 페트라르카 거리Viale Francesco Petrarca로 우회전하여 고풍스러운 성벽과 나무가 나란히 줄지어 선 길을 따라간다.

❸ 두 번째 골목인 카소네 거리Via del Casone에서 좌회전하면 산 프란체스코 디 파올라 광장Piazza di San Francesco di Paola이 나온다. 정면 왼쪽에 산 프란체스코 디 파올라 성당Chiesa di San Francesco di Paola이 있고, 오른쪽에 멋진 붉은색 저택이 있다. 성당은 한때 19세기 독일 조각가 아돌프 폰 힐데브란트의 거처였다. 성당과 저택 사이의 벨로스구아르도 거리Via di Bellosguardo를 계속 따라가면 어느 순간 모든 경계심을 내려놓게 하는 이탈리아 시골 풍경이 펼쳐진다.

❹ 시골길이 세 번째로 굽어지는 지점에 일 프라토 델로 스트로치노 공원Il Prato dello Strozzino이 있다. 한때 이 공원과 저택 너머의 땅을 소유했던 작은 귀족 가문 스트로치의 이름을 딴 곳이다. 관리 상태가 조금 미흡한 탓에 공원의 매력은 일부 퇴색했지만, 평온한 그늘에서 휴식을 취하기에는 좋다. 공원 중앙에 있는 기념비는 마에스트로 벨라르구에스Maestro Belargues의 작품으로, 20세기 순교자로 알려진 '살보 다 크퀴스토Salvo d'Acquisto의 희생'을 묘사한 것이다. 그는 젊은 이탈리아 경찰이었는데, 제2차 세계대전 중에 나치로부터 시민들을 구해내고 나치 군대에 희생당했다.

❺ 공원 맞은편, 벨로스구아르도 거리와 산 비토 거리Via di San Vito 모퉁이에 있는 길거리 예배당 '마돈나와 예수'를 주목하자. 이런 식의 길거리 예배당은 피렌체에서 매우 흔한 것으로, 이번 코스에도 여러 군데 있다. 그러나 '마돈나와 예수' 예배당은 그냥 지나쳐버리기에는 꽤 흥미로운 사연을 지녔다. 19세기 중반 피렌체를 다스렸던 대공 레오폴도 2세는 사회적 양심도 있고 흔치 않은 금발이어서 대중에게 인기가 높았다. 1848년, 레오폴도와 그의 두 딸이 마차를 타고 이 길을 지나고 있었는데, 갑자기 말들이 흥분해서 마차가 뒤집어졌고 그들은 마차 밖으로 튕겨져 나왔다. 그런데 모두 기적적으로 상처 하나 없이 무사했다. 레오폴도는 감사하는 뜻으로 지역 교구 성당에 성배를 기증했다. 그때 이 예배당도 함께 지으면서 '두 딸의 아버지가 받은 은총에 감사하며'라는 문구를 새겼다.

거대한 조각상 뒤로 로마나 문이 보인다.

❻ 공원에서 짧은 휴식을 취했다면 가파른 벨로스구아르도 거리를 따라 언덕 꼭대기까지 올라간다. 정면에 저택이 두 채 보인다. 오른쪽 20번 지 브리키에르 콜롬비 저택은 헨리 제임스가 휴가를 보내던 곳이다. 꼭 닫힌 마당과 검소한 파사드만으로는 많은 것을 알 수 없지만, 작가 가 발코니에 앉아서《디 아스펜 페이퍼스*The Aspern Papers*》를 집필하는 모 습을 상상해볼 수 있다. 왼쪽으로 펼쳐지는 피렌체 풍경은 그에게 큰 영감을 주었을 뿐 아니라 좋은 인상을 남겼다. 물론 이곳의 경치는 이 번 코스에서 보게 될 환상적인 풍경의 맛보기에 불과하다.

❼ 두 저택 사이의 포장도로를 따라가면 벨로스구아르도 광장Piazza di Bel-losguardo에 도착한다. 길쭉한 광장을 가로질러 가면 등나무가 휘감고 있는 예쁜 출입구가 나오는데 한때 갈릴레이가 잠시 살았던 곳이다.

❽ 바로 이어지는 좁다란 산 카를로 거리Via San Carlo로 올라가면 중세 저 택 몬타우토 저택Villa Montauto에 딸린 탑이 보인다.《주홍글씨》의 저 자 나다니엘 호손Nathaniel Hawthorne이 1858년에 두 달 동안 머물렀던 곳이다. 비록 호손은 일기장에 피렌체 도심에서 이곳까지 걸어오기 가 덥고 힘들다고 불평했지만, 이 장소 자체는 아주 좋아해서 다음과

헨리 제임스가 휴가를 보내던 브리키에르 콜롬비 저택(왼쪽)과 나다니엘 호손이 머물렀던 탑.

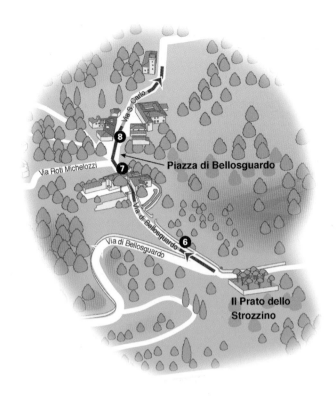

같은 글을 남겼다. "나는 내 현재 거처가 무척 마음에 든다. 건물은 피
렌체를 내려다보는 언덕에 자리하고, 수백 명이 들어설 수 있을 만큼
넓다. 집 한쪽 끝에는 이끼가 낀 고풍스러운 탑이 하나 있는데, 올빼
미들과 한 수도사의 유령이 맴도는 곳이다." 여기서 말하는 수도사는
바로 15세기의 광신적인 신정주의자 사보나롤라다. 호손도 헨리 제
임스처럼 이곳에서 많은 영감을 얻어 "이 풍경을 온몸으로 받아들이
고 머릿속에서 깨어날 준비가 된 소설 속에 담아낸다."고 썼다. 저택
오른쪽으로 피렌체의 전원 풍경이 펼쳐진다.

❾ 벨로스구아르도 광장으로 되돌아간 다음 로티 미켈로치 거리Via Roti Michelozzi로 우회전한다. 이 길은 호텔 토레 디 벨로스구아르도Hotel Torre di Bellosguardo의 입구로 이어진다. 프레스코화로 장식한 중세 건축물로, 지금은 4성급 호텔이다. 안타깝게도 사유재산이라 일반인의 출입을 제한하는데, 원한다면 요령껏 정원을 살펴보길 바란다. 하지만 이곳의 백미는 호텔 입구 바로 앞에 있는 유명한 전망대다. 이 자리에 서면 피렌체 주요 대성당의 파사드가 한눈에 보인다. 왼쪽부터 산타 마리아 노벨라, 두오모, 산토 스피리토 그리고 오른쪽 끝이 산타 크로체 대성당이다. 피렌체의 역사를 압축한 듯한 풍경을 이렇게 가까운 거리에서 볼 수 있다는 점이 미켈란젤로 광장에서 바라보는 이름난 풍경과 우위를 다툴 만하다. 게다가 이곳에서는 미켈란젤로 광장에 넘쳐나는 '셀카봉 관광객'은 찾아볼 수 없다. 멋진 장소에서 아름다운 풍경을 충분히 마음에 담았다면, 호텔 지붕에 솟아 있는 고전적 동상들을 감상하며 다시 벨로스구아르도 광장으로 돌아간다.

❿ 벨로스구아르도 거리를 돌아 나올 때, 시간이 갈수록 빛의 변화에 따라 변하는 풍경을 감상하자. 산 프란체스코 디 파올라 광장으로 돌아오면 카소네 거리 대신 왼쪽의 빌라니 거리Via Villani를 따라간다. 이 길 끝에 피로를 풀며 식사하기 좋은 토르콰토 타소 광장Piazza Torquato Tasso이 있다. 매력적인 이 광장은 이웃한 산토 스피리토 광장에 비하면 투박하고 시끌벅적하지만 다채로운 현지 분위기가 물씬 풍긴다. 게다가 광장 오른쪽으로 훌륭한 식당들이 줄지어 있다. 그중에서 토스카나와 모로코 음식을 맛볼 수 있는 쿨리나리아Culinaria와 열혈 육식주의자들을 위한 트라토리아 비비큐Trattoria BBQ를 추천한다. 잘 알려지지는 않았지만 매우 훌륭한 젤라테리아 라 소르베티에라La Sorbettiera도 놓칠 수 없다. 레몬과 샐비어 맛, 캐러멜 맛이 가장 인기 있다.

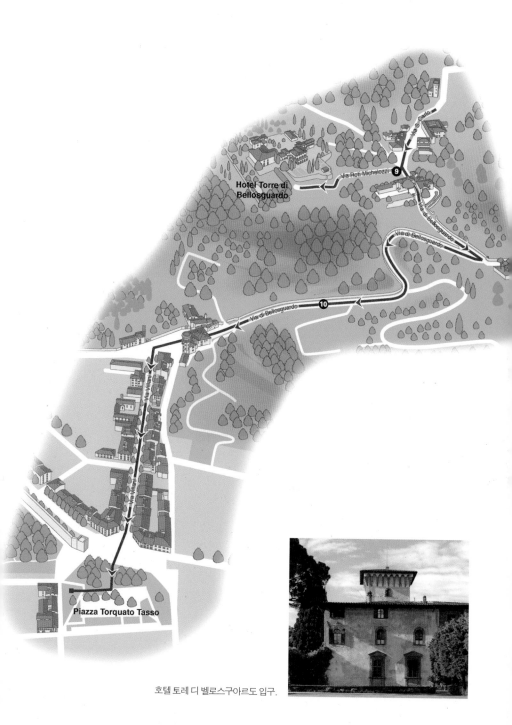

Hotel Torre di Bellosguardo

Via Roti Michelozzi

9

Via S. Carlo

Via di Bellosguardo

Via di Bellosguardo

Via di Bellosguardo **10**

Via Villani

Via Vellutini

Piazza Torquato Tasso

호텔 토레 디 벨로스구아르도 입구.

호텔 토레 디 벨로스구아르도 앞 전망대에서 바라본 피렌체 전경.

체나콜로 순례길: 〈최후의 만찬〉을 찾아서

이번 코스는 예술을 사랑하고 호기심 많
은 사람들을 위한 일정으로, 피렌체 전
역에 흩어져 있는 체나콜로Cenacolo, 즉 〈최후의
만찬〉을 찾아 나선다. 예수와 사도들의 최후의
만찬을 묘사한 그림을 체나콜로라고 하는데, 성
당이나 수도원 등의 식당 또는 회의실 같은 공간
도 체나콜로라고 부른다. 〈최후의 만찬〉이 있는 수도
원은 대부분 무료로 관람할 수 있고, 대개 밖으로 잘 드러나
지 않아서 관광객 무리에 치이지 않고 여유롭게 둘러볼 수 있다.
피렌체의 예술품은 일단 그 엄청난 양으로 방문객을 압도하곤 하는
데, 이번 코스는 피렌체 르네상스의 큰 변화와 흐름을 이해할 수 있는
완벽한 창이라 할 수 있다. 이 여정에서 만나게 될 〈최후의 만찬〉은
고딕에서부터 초기 매너리즘까지 양식이 다양하다. 이렇게 변화무쌍
한 도상법은 작지만 진보적인 피렌체의 성격을 반영한 결과물이다.
피렌체의 예술가들이 서로 영향을 주고받으며 만들어낸 유행은 이탈
리아를 넘어 유럽 전체로 퍼져 나갔다.
이 여정은 1350년에 그려진 피렌체 최초의 〈최후의 만찬〉이 있는 산
타 크로체 대성당에서 출발해 피렌체 중심부를 반원형으로 둘러본
다음 오니산티 성당Chiesa di Ognissanti에서 일단락을 짓는다. 그러나 여
기서 버스를 타고 산 살비 성당Chiesa di San Salvi으로 가면, 최후의 만찬

Via Ventisette Aprile
Via degli Arazzieri
Via S. Zanobi
Via Panicale
Via Nazionale
Via Faenza

4
3
Sant'Apollonia
Piazza San Marco
Convento di S. Marco
Galleria dell'Accademia
Via Ricasoli
Via degli Alfani
Mercato Centrale
5
colo di no
6
Opificio delle Pietre Dure
Via degli Alfani
Via dei Pilastri

zza di Santa Maria Novella

Via Fiesolana
Via Giuseppe Verdi

Basilica di Santa Croce
2
Cenacolo

▶출발지 산타 크로체 대성당 Basilica di Santa Croce

■ 도착지 오니산티 성당 Chiesa di Ognissanti
또는 산 살비 성당 Chiesa di San Salvi

을 소재로 한 그림 가운데 특히 중요한 작품 중 하나로 손꼽히는 안드레아 델 사르토의 그림을 볼 수 있다. 이번 코스에서 산 살비 성당을 제외한 장소들은 다른 코스와 쉽게 연결할 수 있으므로 이미 방문한 장소는 건너뛰어도 무방하다. 물론 여유만 있다면 다시 둘러보는 것도 좋다. 단, 대부분의 수도원이 점심시간 전후로 문을 닫으니 아침 일찍 출발하자.

타데오 가디의 최후의 만찬.

❶ 가장 먼저 찾아갈 체나콜로는 산타 크로체 대성당Basilica di Santa Croce에 있다. 만약 대성당을 이미 방문했다면 출발지를 체나콜로 디 산타폴로니아로 조정해도 무관하다. 산타 크로체 대성당의 체나콜로는 월요일부터 토요일까지, 오전 9시 30분부터 오후 5시 30분까지 개방한다대성당에 관한 설명은 '3. 산타 크로체' 77쪽 참고.

이곳에 있는 〈최후의 만찬〉은 1335~1350년에 타데오 가디가 제작한 것으로, 기록상 피렌체 최초의 최후의 만찬 그림이다. 고딕 양식 작품으로, 원근법과 사실주의적 묘사는 반세기 후에나 등장한다. 하지만 가디의 프레스코화는 그 자체로 매력적이다. 거대한 십자가상이 화면을 장악하고 있는데, 십자가상에서 뻗어 나온 두루마리에는 예수의 희생에 관한 예언이 적혀 있고, 예언자들의 이미지가 크리스마스트리의 장식처럼 주렁주렁 매달려 있다. 작품에 묘사된 인물들은 전형적인 고딕 양식으로 표현되어 자세가 뻣뻣하고 왜곡되어 있다. 특

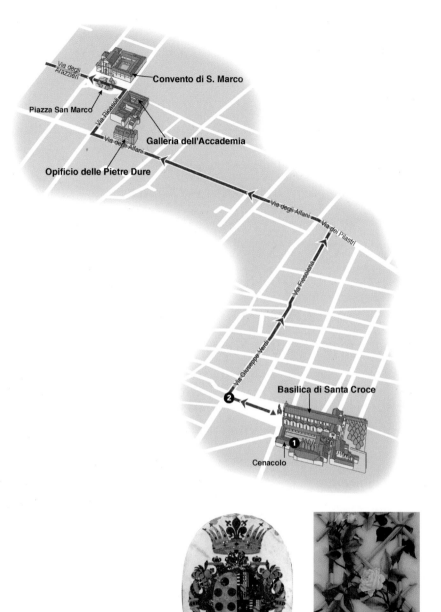

Convento di S. Marco

Piazza San Marco

Galleria dell'Accademia

Opificio delle Pietre Dure

Via degli Arazzieri

Via Ricasoli

Via degli Alfani

Via degli Alfani

Via dei Pilastri

Via Fiesolana

Via Giuseppe Verdi

Basilica di Santa Croce

Cenacolo

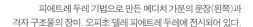

피에트레 두레 기법으로 만든 메디치 가문의 문장(왼쪽)과
격자 구조물의 장미. 오피초 델레 피에트레 두레에 전시되어 있다.

히 유다의 도덕성이 부족함을 드러내기 위해 유다를 다른 인물보다 작게 그렸다. 그러나 가디의 〈최후의 만찬〉은 후대의 작가들에게 괄목할 만한 선례를 남겼다. 이번 코스에서 만나게 될 다른 그림에서도 직사각형 식탁에 줄지어 앉은 사도들과 반대편에 혼자 앉은 모습으로 희화화된 유다의 모습이 반복적으로 나타난다. 또한, 사색에 잠긴 세례 요한의 묘한 표정은 잠들어 있는 모습으로 변형되어 수없이 등장한다. 유다가 빵을 담그고 있는 와인 잔을 예수가 가리키는 모습도 예수가 유다의 배신을 지적하는 장면으로 자주 등장한다. 와인과 빵이 예수의 피와 살로 변하는 예수의 성찬식도 마찬가지다. 이처럼 복잡한 상징적 묘사 덕분에 예술사가들은 이 그림을 매우 풍성하고 매력적인 작품으로 해석한다.

❷ 대성당에서 나와 산타 크로체 광장Piazza di Santa Croce을 가로질러 주세페 베르디 거리Via Giuseppe Verdi로 우회전한다. 피에솔라나 거리Via Fiesolana로 이어지면 10분쯤 더 간 다음 길 끝에서 필라스트리 거리 Via dei Pilastri로 좌회전한다. 이 길은 알파니 거리Via degli Alfani로 이어지고, 78번지에 오피초 델레 피에트레 두레Opificio delle Pietre Dure가 있다. 1588년에 지어진 박물관이자 예술품 복원 센터로, 보석과 준보석 광물로 이미지를 만드는 피렌체 상감 기술 '피에트레 두레'를 전승하는 곳이다. 리카솔리 거리Via Ricasoli로 우회전하면 아카데미아 미술관을 지나 산 마르코 광장Piazza San Marco에 들어선다. 광장을 지나 아라치에리 거리Via degli Arazzieri로 내려가자.

산타 크로체 대성당 내부.

안드레아 델 카스타뇨의 〈최후의 만찬〉.

❸ 벤티세테 아프릴레 거리Via Ventisette Aprile 왼쪽 1번지에 베네딕트회 수
녀원인 체나콜로 디 산타폴로니아Cenacolo di Sant'Apollonia의 입구가 나
온다. 매일 오전 8시 15분부터 오후 1시 50분까지 문을 연다'4. 산 마르
코' 92쪽 참고.

이곳에 있는 〈최후의 만찬〉은 카스타뇨가 1445~1450년에 제작한 것
으로, 이 분야의 전문가들 사이에서는 르네상스 최초의 체나콜로 작
품으로 여겨지며, 이후의 체나콜로 표현 양식을 완전히 바꿔버린 것
으로 평가받는다.

타데오 가디의 〈최후의 만찬〉 이후 정확히 100년이 지나 제작된 이
작품은 1400년 이후 활발하게 나타나는 르네상스 양식의 특징들로
시선을 사로잡는다. 우선, 고전주의의 영향을 찾을 수 있다. 카스타뇨
는 작품의 무대를 천장과 삼면의 벽으로 둘러싸인 공간으로 설정하
고 그 안에 고대 그리스 의복을 걸친 사도들을 조각상처럼 배치했다.
두 번째로, 브루넬레스키가 15세기 초에 발전시켰던 직선 원근법을
사용했다. 이 기법에 따라 카스타뇨는 그림 속에만 존재하는 삼차원
공간으로 관람객을 끌어들인다. 고딕 양식이 지배하던 시대에는 프
레스코화의 평면성을 단순히 재료상의 한계로 받아들였지만, 르네상

카스타뇨의 〈최후의 만찬〉 중 식탁 반대편에
앉은 유다와 잠들어 있는 세례 요한.

스의 새로운 표현 방식은 보는 이에게 신기한 마법을 선사했다.

카스타뇨의 〈최후의 만찬〉은 다른 많은 면에서도 놀라운 작품이다.
색감과 대담한 기하학적 패턴은 비잔틴 양식을 연상시킬 정도로 그
림에 생기를 불어넣는다. 특히 놀라운 점은 유다를 배신자로 지목하
기 위해 중앙 대리석 판에 그려 넣은 번개다. 가디의 〈최후의 만찬〉과
연속성을 갖는 부분은 유다를 검은 머리, 병색이 짙은 표정, 휘어진
코와 같은 전형적인 특징으로 묘사한 점과 예수의 왼쪽에 잠들어 있
는 세례 요한이다.

피에트로 페루지노의 〈최후의 만찬〉.

❹ 체나콜로 디 산타폴로니아의 작지만 매력적인 다른 작품들도 감상한 뒤, 밖으로 나와 벤티세테 아프릴레 거리로 좌회전한다. 한 블록 가서 산 차노비 거리Via San Zanobi에서 또 좌회전한다. 파니칼레 거리Via Pani-cale와 이어질 때까지 계속 간 다음 중앙 시장으로 내려가 파엔차 거리 Via Faenza로 우회전한다. 오른쪽 40번지에 제3 프란체스코회 소속 수도원이었던 체나콜로 델 폴리뇨Cenacolo del Fuligno가 나온다. 2019년 기준, 개방 시간은 매주 수요일 오전 8시 15분부터 오후 1시 45분까지다. 그러나 개방 시간이 자주 바뀌므로 방문 전에 시간을 다시 확인할 것을 권한다'2. 산 로렌초에서 산타 트리니타까지' 62쪽 참고.

❺ 체나콜로 델 폴리뇨의 〈최후의 만찬〉은 19세기에 재발견되었다. 처음에는 라파엘의 작품으로 알려졌으나, 피에트로 페루지노Pietro Pe-rugino가 1493~1496년에 제작한 것으로 밝혀졌다.

같은 시기인 1494년에 레오나르도 다빈치가 저 유명한 밀라노의 〈최후의 만찬〉을 제작했다. 흔히 레오나르도 다빈치의 〈최후의 만찬〉은 세계에서 가장 유명한 그림 중 하나이자 최초의 르네상스 작품으로 언급되곤 한다. 하지만 사람들이 미처 깨닫지 못한 사실이 있다. 레오나르도 다빈치가 밀라노에서 그의 대작을 완성하기도 전에 피렌체는 이미 '체나콜로의 수도'였다는 점이다. 피렌체 출신인 레오나르도 다빈치가 이를 몰랐을 리 없으며, 피렌체의 체나콜로에서 영감을 얻었음이 분명하다. 카스타뇨의 작품 이후 반세기가 지나서 제작된 다빈치의 〈최후의 만찬〉에는 몇 가지 혁신적인 화법이 추가되었다. 우선, 'ㄷ'자 모양의 식탁이 사용되었고, 배경에 자연 풍경이 담겼다. 모두 그림에 삼차원적 깊이를 부여하기 위한 기법이다. 나중에 보게 되겠지만, 이러한 기법은 1480년에 기를란다요가 처음 도입했다.

하지만 페루지노의 풍경은 한 걸음 더 나아가 겟세마네 동산에서 십자가형을 당하기 전에 마음을 다지는 예수 앞에 천사가 나타나는 모습을 그려 넣었다. 페루지노는 이 장면을 예수와 사도들의 만찬 장면과 상징적으로 결합하면서 시간의 경계를 무너뜨렸다. 더 놀라운 혁신은 유다의 묘사인데, 괴물 같은 모습이 아니라 평범한 인간으로 그렸다. 유다는 예수를 배신한 대가로 얻은 은화 서른 개를 손에 들고 자신만의 이야기로 관람객을 끌어들이려는 듯 시선을 그림 밖으로 던진다. 유다의 시선은 인간이 얼마나 유혹에 빠지기 쉬운 존재인지 보여주는 듯하다.

플라우틸라 넬리의 〈최후의 만찬〉.

❻ 다른 공간에는 페루지노에게 영감을 얻은 16세기 예술가들의 작품
도 전시하고 있으니 관심이 있다면 둘러보자. 체나콜로 델 풀리뇨에
서 나와 좌회전한 다음 나치오날레 거리Via Nazionale로 우회전한다. 스
타치오네 광장Piazza della Stazione이 나올 때까지 계속 가서 아벨리 거리
Via degli Avelli로 좌회전한다. 대성당 건물 옆면을 따라가면 산타 마리아
노벨라 광장Piazza di Santa Maria Novella이 나온다. 플라우틸라 넬리Plautilla
Nelli, 1524~1588의 〈최후의 만찬〉이 긴 복원 작업을 거쳐 산타 마리아
노벨라 대성당에 전시되어 있다.

넬리는 1570년대에 독학으로 그림을 배운 수녀였으며, 사보나롤라
의 헌신적인 추종자였다. 넬리의 〈최후의 만찬〉은 '캔버스 위에 유화'
라는 점에서 이 코스의 다른 작품들과 차별성을 띤다. 16세기에 등장
한 새로운 재료, 즉 유화 물감은 색과 빛을 표현하는 데 이전과 비교
할 수 없는 새로운 지평을 열었다. 오늘날 넬리의 작품은 감정과 정서
를 섬세하게 표현한 것으로 칭송받고 있지만, 더 주목해야 할 점은 넬
리의 〈최후의 만찬〉이 제기하는 '젠더 이슈'다. 당시 여성 화가들은
작은 규모의 작품만 그리는 것이 관례였는데, 넬리는 레오나르도 다
빈치나 안드레아 델 사르토 같은 피렌체 대가들과 자신을 동등하게
보고 과감하게 대규모 작품에 도전했다.

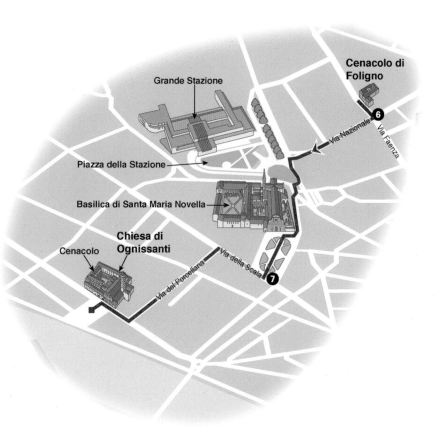

❼ 산타 마리아 노벨라 광장을 가로질러 스칼라 거리Via della Scala로 우
회전한 다음, 포르첼라나 거리Via del Porcellana로 좌회전한다. 길 끝에
서 보르고 오니산티Borgo Ognissanti로 우회전하면 오니산티 성당Chiesa
di Ognissanti이 있는 오니산티 광장Piazza Ognissanti에 도달한다. 오니산티
성당의 체나콜로는 매주 월요일과 토요일 오전 9시부터 오후 1시까
지 개방한다. 개방 시간이 자주 바뀌니 방문 전에 미리 확인한다'2. 산
로렌초에서 산타 트리니타까지' 66쪽 참고.

이곳에 있는 도메니코 기를란다요의 〈최후의 만찬〉 프레스코화는
1480년에 제작되었다. 기를란다요는 피렌체 밖에서는 그다지 알려

기를란다요의 〈최후의 만찬〉.

지지 않았지만, 여러 면에서 당대 최고의 르네상스 화가였다. 그는 원근법을 사용하는 데 굉장히 열성적이었다. 〈최후의 만찬〉에도 배경의 삼차원 깊이를 표현하기 위해 실제 건축물을 모델로 삼았다. 기를란다요는 예수와 사도들의 만찬 배경에 풍경을 그려 넣은 최초의 화가다. 그는 종교적인 장면을 일상생활과 접목하는 데도 대가였다. 기를란다요의 〈최후의 만찬〉에는 일상적으로 사용하는 식기들이 자세히 묘사되어 있으며, 사도들도 일반인처럼 후광 없이 그려졌다. 이렇듯 종교적인 내용을 담았음에도 독특하게 비종교적인 분위기를 자아내는 것은 고전주의 휴머니즘의 영향이다. 하지만 그림 속 상징들을 읽어낼 수 있는 사람들에게 이 그림은 충분히 경건하고 종교적이다. 익은 살구가 죄악을 뜻한다면 상추는 속죄를 상징하며, 루비색으로 칠한 붉은 체리는 예수의 희생을 예견하는 것이며, 화려한 꼬리깃을 접고 있는 공작새는 예수의 부활을 상징하는 것으로 유명하다. 당시 르네상스는 그 정신적인 토대를 바탕으로 확실히 번영하고 있었음을 이 작품에서 다시금 확인할 수 있다.

❽ 피렌체 중심부의 체나콜로를 섭렵
했다면, 이번 코스의 대미를 장식
하기 위해 피렌체 외곽에 있는 산
살비 성당Chiesa di San Salvi으로 향할
차례. 지도에는 표시하지 못했지
만 버스를 타고 쉽게 찾아갈 수 있
다. 이번 코스에서 방문하든 다른
날로 미루든 상관없지만, 꼭 방문
해보기를 권한다.

산타 마리아 노벨라 기차역 옆에
있는 아두아 광장Piazza Adua에서 6번

산 살비 성당의 내부 모습.

버스를 타거나, 산 마르코 광장에서 6번 또는 20번 버스를 타고 룽고
라프리코Lungo L'Affrico에서 내린다. 버스로 이동하는 시간은 20~30분
정도 걸린다. 버스에서 내린 뒤 티토 스페리 거리Via Tito Speri에서 좌회
전하면 산 살비 광장Piazza di San Salvi에 있는 산 살비 성당에 도착한다.

❾ 안드레아 델 사르토의 〈최후의 만찬〉이 있는 산 살비 성당의 발롬브
로사 수도원은 1048년에 설립되었다. 수도원의 박물관은 무료로 입
장할 수 있는 데다 훌륭한 보물을 많이 소장하고 있다. 그런데도 시내
중심부에서 떨어진 까닭에 대체로 한산하다.

이곳의 최고 보물은 안드레아 델 사르토의 〈최후의 만찬〉이다.
1520~1525년에 완성된 이 작품 역시 수도원 식당, 체나콜로에 있다.
16세기에 연대기 작가로 활동한 조르조 바사리는 이 프레스코화에
대해 "사르토 최고의 작품이자, 세계에서 가장 아름다운 그림 중 하나
다. 너무 아름다워서 이 그림을 보는 사람은 누구나 정신이 몽롱해질
것이다."라고 묘사했다. 그런데 작품이 완성되고 불과 4년 만에 피렌

안드레아 델 사르토의 〈최후의 만찬〉.

체가 외세에 함락되는 바람에 피렌체 외곽 지역이 대거 파괴되었다. 하지만 이 작품을 본 샤를 5세의 군대는 꼼짝 못 할 정도로 감동하여 차마 수도원을 파괴할 수 없었다고 한다. 과연 무엇이 그들을 그토록 감동시켰을까?

사르토의 〈최후의 만찬〉은 거의 영화적인 한 장면, 바로 유다의 배신이 드러나는 극적인 장면에 집중하고 있다. 〈최후의 만찬〉 시리즈에서 최초로 예수 곁에 자리한 유다는 믿지 못하겠다는 듯한 표정으로 자신을 가리키고 있고, 몇몇 제자들은 선 채로 충격과 두려움 속에서 그를 가리키고 있다. 이와 같은 '순간 포착'은 훗날 바로크 시대에 더욱 중요한 예술적 요소가 된다. 그만큼 이 작품은 시대를 앞서가는 특출한 그림으로 평가받는다. 2층 발코니의 두 인물, 주인과 하녀는 우리 같은 관람객 입장에서 이 극적인 장면을 우연히 지켜보게 되었다. 이러한 구성은 이 장면이 먼 과거의 성경 이야기가 아니라 지금 당장 일어나는 일처럼 느끼게 해준다.

살아생전 '실수 한 점 없는 예술가'로 유명했던 안드레아 델 사르토의

사르토의 〈최후의 만찬〉 중 유다(왼쪽)와 발코니에서 우연히 이 장면을 지켜본 두 사람.

〈최후의 만찬〉은 매너리즘이 발달하던 시기에 피렌체 르네상스가 성취한 최고의 작품으로 손꼽힌다. 타데오 가디의 난해하고 특이한 〈최후의 만찬〉과 비교하면 사르토의 사실주의적인 생생한 묘사는 겨우 두 세기 만에 예술사에 얼마나 큰 발전과 성취가 있었는지 명백하게 보여준다. 중세적 상징주의를 배격하고 인물의 후광을 없애면서 근대적인 세속성을 반영한 이 작품이 어떻게 정복자의 군대를 감동시켰는지 충분히 짐작할 만하다.

산타 크로체 대성당의 체나콜로.

피에솔레: 에트루리아의 발자취

피에솔레의 기원에 관해서는 많은 부분이 의문으로 남아 있다. 에트루리아인과 관련이 있는데, 이 민족의 역사가 베일에 가려진 까닭이다. 기원전 700년경 토스카나 지방으로 이주한 에트루리아 사람들은 발칸반도에서 바다를 건너왔거나 소아시아에서 대륙을 건너왔을 것으로 추정된다. 이들은 뛰어난 도예가이자 금속공이며 상인이었다. 에트루리아인들은 점차 로마 지역까지 영토를 확장했으나, 기원전 308년에 패전하면서 피에솔레는 로마제국의 식민지가 되었다. 자주권을 상실한 피에솔레는 경제적으로 서서히 쇠퇴하기 시작했다. 한편, 피에솔레보다 후에 형성된 피렌체는 계속해서 성장했고, 1125년에 피에솔레를 장악했다. 일각에는 피렌체 역시 에트루리아 사람들이 건설한 도시일지도 모른다는 설이 있다. 피에솔레는 피렌체에서 버스로 20분 거리에 있다. 피렌체가 많은 면에서 15세기 르네상스의 도시라면 피에솔레는 더욱 유서 깊고 다층적인 역사를 보여준다. 신석기 시대부터 에트루리아 시대, 로마제국 시대, 피렌체 점령기까지 시대별로 수많은 유적이 발굴되었다. 또한 높은 지대에 자리하고 있어 그 풍경은 견줄 데가 없을 정도로 아름답다. 그래서 피렌체 사람들도 뜨거운 여름철이면 피에솔레로 피서를 떠난다.

이번 코스는 피에솔레의 주요 관광지를 둘러보고 옛 거리를 따라가 고즈넉한 산 도메니코 광장Piazza San Domenico에서 마무리한다. 피렌체로 돌아갈 버스도 이곳에서 탈 수 있다.

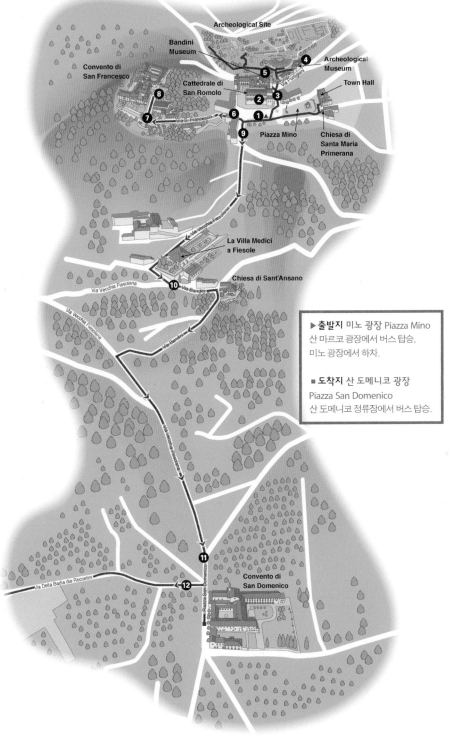

Archeological Site

Bandini Museum

Convento di San Francesco

Cattedrale di San Romolo

Archeological Museum

Town Hall

❺ ❹

❷ ❸

❽

Via Fontgani

❼

❻ ❶

❾

Piazza Mino

Chiesa di Santa Maria Primerana

Via S. Francesco

Via Vecchia Fiesolana

La Villa Medici a Fiesole

Via Vecchia Fiesolana

❿ Via Bandini

Chiesa di Sant'Ansano

Via Vecchia Fiesolana

Via Bandini

Via Vecchia Fiesolana

⓫

Via Della Badia die Roccetini

⓬

Piazza San Domenico

Convento di San Domenico

▶ 출발지 미노 광장 Piazza Mino
산 마르코 광장에서 버스 탑승,
미노 광장에서 하차.

■ 도착지 산 도메니코 광장
Piazza San Domenico
산 도메니코 정류장에서 버스 탑승.

산 로몰로 대성당의 시계탑(왼쪽)과 산타 마리아 프리메라나 성당.

❶ 산 마르코 광장Piazza San Marco에서 7번 버스를 타면 피에솔레로 향하는 굽이진 길을 여행할 수 있다. 교통량에 따라 20~30분 후면 피에솔레의 심장인 미노 광장Piazza Mino에 다다른다. 미노 광장에는 장이 많이 서는데, 특히 매주 첫 번째 일요일에 열리는 골동품 시장이 유명하다. 광장에 있는 청동 기마상의 주인공은 이탈리아 통일 운동의 주역인 비토리오 에마누엘레 2세Vittorio Emanuele II와 가리발디Garibaldi이다. 기마상 뒤의 계단을 올라 산타 마리아 프리메라나 성당Chiesa di Santa Maria Primerana으로 들어간다. 이 성당의 기원은 10세기로 거슬러 올라간다. 피렌체의 예술가 집안인 델라 로비아 가문이 제작한 중앙 재단의 테라코타 십자가상이 유명하다. 성당 왼쪽에는 16세기 치안 판사의 문장으로 장식한 시청 건물이 있다.

❷ 미노 광장을 가로질러 피에솔레의 수호성인 성 로몰로San Romolo에게 헌정된 산 로몰로 대성당Cattedrale di San Romolo으로 향한다. 12세기에 건설된 산 로몰로 대성당은 피에솔레를 대표하는 성당, 즉 '피에솔레의 두오모'이다. 성 로몰로는 성 베드로가 임명한 피에솔레의 첫 번째

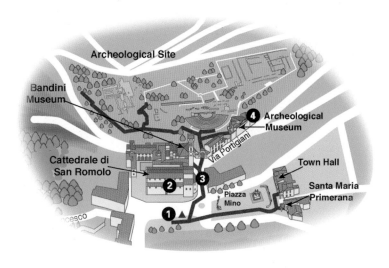

비토리오 에마누엘레 2세와
가리발디의 기마상.

성직자였는데, 로마제국 도미티아누스 황제 시절에 순교했다.

대성당의 소박한 실내에서 가장 인상적인 부분은 기둥들로, 일부는 로마제국 시절의 기둥머리를 그대로 사용했다. 사제석 오른쪽에는 15세기 예술가 미노 다 피에솔레Mino da Fiesole, 1429~1484가 설계한 레오나르도 살루타티Leonardo Salutati, 재위 1450~1466 주교의 대리석 기념비가 있다. 미노 광장의 이름도 이 예술가에게서 따왔다.

❸ 밖으로 나와 대성당 앞에서 좌회전한 다음 종탑 방향으로 다시 좌회전한다. 직진하면 포르티자니 거리Via Portigiani 1번지에 고대 유적지 Area archeologica di Fiesole 와 고고학 박물관Museo Civico Archeologico이 나온다. 고대 유적지는 에트루리아-로마제국 시절의 유적을 통해 피에솔레의 다층적인 역사를 살펴볼 수 있는 곳으로, 신석기 시대의 흔적까지 발견되었다. 이곳에서 발굴한 유물은 고고학 박물관에서 관람할 수 있다. 고대 유적지에서 가장 잘 보존된 유적은 3천 명이 들어갈 수 있었던 로마의 원형극장, 테아트로 로마노Teatro Romano다. 놀랍게도 오늘날까지 여름철 야외 오페라 공연장으로 쓰인다. 그 외에도 로마의 공중목욕탕과 신전 유적도 드문드문 남아 있다. 이러한 유적 아래에는 로마제국이 파괴한 에트루리아 신전의 흔적도 희미하게나마 남아 있다.

❹ 고고학 박물관에는 고대 유적지와 피에솔레 주변 지역에서 발견된 유물들이 전시되어 있다. 에트루리아와 로마제국의 무덤, 동상과 공예품 등 피에솔레의 역사를 설명하는 온갖 유물과 그 유물이 발견된 장소에 관한 정보를 담고 있다. 도자기 애호가라면 코린트, 아테네, 에트루리아 도자기를 전시하는 코스탄티니 컬렉션Collezione Costantini을 놓치지 말자.

고고학 박물관(위)과 로마의 원형극장 '테아트로 로마노'.

산 프란체스코 거리.

❺ 고대 유적지에서 나오면 오른쪽에 반디니 박물관Museo Bandini이 있다. 18세기 성직자 안젤로 반디니Angelo Bandini의 소장품을 전시한 곳으로 규모는 작지만 귀중한 예술품이 많다. 선별된 전시품은 중세 시대부터 르네상스 전성기까지 토스카나의 예술사를 간단명료하게 보여준다. 지층 전시실에서는 푸른색과 흰색의 테라코타 조각상으로 유명한 조반니 델라 로비아Giovanni della Robbia, 1469~1529의 작품들을 감상할 수 있다.

❻ 미노 광장으로 돌아와 카페 데자뷔Café Deja Vu에서 커피와 파니니 샌드위치를 맛본 다음 산 프란체스코 거리Via San Francesco로 올라간다. 좁은 돌길은 산 프란체스코 언덕을 따라 200미터가량 이어진다. 50미터쯤 올라가면 추모 공원Parco della Rimembranza의 입구가 있다. 이곳에는 기념비가 두 개 있는데, 하나는 제1차 세계대전에서 숨진 피에솔레 시민들에게 바친 것이고, 다른 하나는 제2차 세계대전 당시 나치군에 의해 살해당한 경찰관들에게 헌정한 것이다.

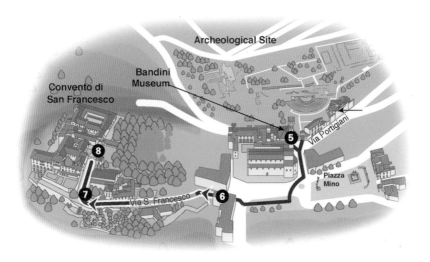

조반니 델라 로비아의 〈성모 방문〉.
반디니 박물관(오른쪽)에 있다.

오른쪽 18번지에 전망 좋은 곳에서 낭만적인 저녁을 즐길 수 있는 식당 라 레자La Reggia가 있다.

❼ 산 프란체스코 거리를 더 올라가면 라 반키나la banchina, 벤치 또는 벨베데레belvedere, 전망대로 알려진 장소에 이른다. 전자는 그곳에 놓인 작은 벤치 때문에, 후자는 그곳에서 바라본 피렌체와 주변 골짜기의 환상적인 경치 때문에 붙여진 이름이다.

여기서 잠시 쉬었다가 언덕 꼭대기까지 올라가면 산 프란체스코 수도원Convento San Francesco이 나온다. 이 수도원은 한때 '꽃의 성모 마리아'라는 운치 있는 이름으로 불렸으며, '알렉산더의 은둔자'라는 여성 단체가 거주하던 곳이다. 그러나 1399년에 프란체스코회가 이곳을 접수하면서 현재의 수도원과 성당의 모습을 갖추게 되었다.

성당의 가장 큰 보물은 15세기의 유별난 예술가, 피에로 디 코시모 Piero di Cosimo, 1462~1521가 그린 〈원죄 없는 잉태〉이다. 피에로 디 코시모는 피렌체에 만연한 르네상스의 기류를 대수롭지 않게 여겼으며 보다 기발한 네덜란드 양식을 선호했다. 연대기 작가 조르조 바사리는 이 예술가가 불을 병적으로 무서워했으며, 평생 삶은 달걀만 먹고 살았다고 기술했다. 수도원 안에는 에트루리아-로마제국 시대의 공예품과 이집트 공예품을 전시하는 박물관도 있다.

❽ 매력적인 기념품 가게를 둘러본 뒤 산 프란체스코 거리를 따라 미노 광장으로 돌아온다.

산 프란체스코 수도원의 외관(위)과 수도원 안뜰.

메디치 저택.

❾ 광장 모퉁이에서 큰길을 따라 우회전한 다음, 나무가 우거진 베키아 피에솔라나 거리Via Vecchia Fiesolana를 따라 내려간다. 이 길은 1840년 까지 피에솔레와 피렌체를 잇는 유일한 길이었다. 올리브, 린덴, 사이 프러스 나무가 늘어선 매력적인 길에는 매미 소리가 가득하고 피렌 체의 아름다운 풍경이 펼쳐진다. 곧 메디치 저택La Villa Medicea a Fiesole 를 지나는데, 정원 담 너머로 우아한 로지아가 보인다. 이 저택은 미 켈로초가 코시모 데메디치의 명을 받고 건설했다. 후에 '위대한 로렌 초Lorenzo Il Magnifico'로 알려진 로렌초 데메디치가 저택을 물려받아 예 술가, 철학자, 지식인들의 회합 장소로 사용했다.

❿ 길이 갈라지면 좌회전하여 반디니 거리Via Badini를 따라간다. 길 끝에 12세기에 건설된 산탄사노 성당Chiesa di Sant'Ansano의 작고 노란 파사드 가 보인다. 여기서 우회전하여 반디니 거리를 계속 따라가면 베키아 피에솔라나 거리와 다시 만난다. 좌회전하여 가다 보면 오른쪽 62번 지에 주교의 쉼터가 있다. 성직자들이 걷거나 말을 타고 피렌체와 피 에솔레를 오갈 때 쉬어 가던 장소다.

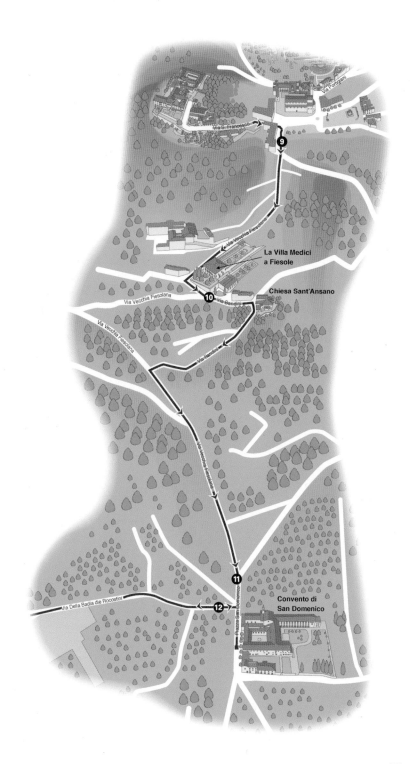

La Villa Medici
a Fiesole

Chiesa Sant'Ansano

Convento di
San Domenico

❶ 산 도메니코 광장Piazza San Domenico에 도착하면 왼쪽에 산 도메니코 수
도원Convento di San Domenico이 보인다. 성인의 반열에 오른 수도사 프라
안젤리코가 산 마르코 수도원으로 가기 전 1436년까지 거처했던 곳
이다. 성당 안에는 프라 안젤리코의 〈왕좌에 앉은 성모 마리아〉가 있
다. 나무로 만든 신도석에 앉아 성모 마리아가 천사들과 함께 승천하
는 장면을 생생하게 묘사한 천장 프레스코화를 감상하자.

❷ 성당 정문 반대편에서 바디아 데이 로체티니 거리Via Della Badia dei Roc-
cettini로 내려가면 바디아 피에솔라나Badia Fiesolana가 나온다. 이 책에는
표시하지 못했지만, 지도 바로 바깥에 있다. 원래는 피에솔레 대성당
이었다가 1028년에 베네딕트회 수도원이 되었으며, 현재는 유럽 대
학 연구소가 들어섰다. 안으로 들어가 둘러볼 수는 없지만, 프라토 대
리석으로 무늬를 새겨 넣고 거칠게 깎은 석재로 둘러싼 파사드를 감
상할 수 있다. 마치 산타 마리아 노벨라 대성당과 산 로렌초 대성당의
파사드를 하나로 합쳐놓은 것처럼 독특하다.
산 도메니코 광장으로 돌아와 7번 버스를 타면 피렌체의 산 마르코 광
장으로 돌아갈 수 있다.

산 도메니코 수도원에서 바라본 풍경.

지은이 | 엘라 카 Ella Carr

에든버러 대학에서 영어를 전공했다. 여행 안내서 편집자이자 작가로 일하며
《피렌체 걷기여행》을 집필했다. 피렌체에 대한 관심이 각별하며, 이 책을 쓰기
위해 피렌체에서 몇 주를 보냈다.

옮긴이 | 정현진

한국외국어대학교 영어과와 신문방송학과를 졸업하고 스위스에 살면서 번역을
한다. 번역한 책으로는《팬, 블로거, 게이머: 참여문화에 대한 탐색》,《세계에서
가장 아름다운 광장 100》,《로마 걷기여행》,《런던 걷기여행》,《파리 걷기여행》,
《뉴욕 걷기여행》 등이 있다.

피렌체 걷기여행

초판 인쇄 2019년 1월 15일
초판 발행 2019년 1월 25일

지은이　　엘라 카
옮긴이　　정현진
펴낸이　　진영희
펴낸곳　　(주)터치아트
출판등록　2005년 8월 4일 제396-2006-00063호
주소　　　410-837 경기도 고양시 일산동구 백마로 223, 630호
전화번호　031-905-9435　팩스 031-907-9438
전자우편　touchart@naver.com

사진 제공 _ Shutterstock
ISBN 979-11-87936-22-0　13980